职业学校教学用书（电子技术专业）

液晶和等离子体电视机原理与维修

（第2版）

韩广兴 等编著

电子工业出版社

Publishing House of Electronics Industry

北京·BEIJING

内 容 简 介

本书作为修订版，更新了大部分内容，以市场上的新型样机为例进行实体拆解和检测演练，系统、全面地介绍了液晶和等离子电视机的整机结构和各单元电路的结构、信号流程、工作原理和故障检修方法，并通过大量的实修实测案例介绍各种集成芯片的结构及相关信号的检测要领、实测数据和信号波形，并重点介绍训练操作技能的方法。

本书适于作为中等职业学校的新专业教材，也可作为从事电视机开发、制造、调试和维修的技术人员、业余爱好者的参考书，以及职业资格认证的培训教材。

未经许可，不得以任何方式复制或抄袭本书之部分或全部内容。

版权所有，侵权必究。

图书在版编目(CIP)数据

液晶和等离子体电视机原理与维修/韩广兴等编著. —2 版(修订本). —北京：电子工业出版社，2012.5
职业学校教学用书. 电子技术专业
ISBN 978-7-121-16645-7

Ⅰ. ①液… Ⅱ. ①韩… Ⅲ. ①液晶电视机 – 维修 – 中等专业学校 – 教材②等离子体 – 电视接收机 – 维修 – 中等专业学校 – 教材 Ⅳ. ①TN949.1

中国版本图书馆 CIP 数据核字(2012)第 054101 号

策划编辑：张 帆
责任编辑：张 帆 特约编辑：王 纲
印 刷：北京虎彩文化传播有限公司
装 订：北京虎彩文化传播有限公司
出版发行：电子工业出版社
　　　　　北京市海淀区万寿路 173 信箱　邮编 100036
开 本：787×1 092 1/16 印张：15.25 字数：390.4 千字
版 次：2007 年 4 月第 1 版
　　　　2012 年 5 月第 2 版
印 次：2023 年 7 月第 18 次印刷
定 价：28.50 元

凡所购买电子工业出版社图书有缺损问题，请向购买书店调换。若书店售缺，请与本社发行部联系，联系及邮购电话：(010)88254888，88258888。

质量投诉请发邮件至 zlts@ phei. com. cn，盗版侵权举报请发邮件至 dbqq@ phei. com. cn。

本书咨询联系方式：(010)88254592，bain@ phei. com. cn。

再版前言

本书作为第 2 版,由于市场发展变化很大,因而进行了大幅度的修改。

近年来随着电子技术的发展和人民生活水平的提高,液晶电视机(含 LED 液晶电视机)和等离子电视机得到了迅速的发展,特别是这种电视机的显示器件呈平板形,体积小、无几何失真、无辐射,整机性能有很大提高。由于成本不断降低,目前市场上几乎取代了传统的显像管(CRT)式电视机,大屏幕数字高清电视机都是平板电视机。

新型液晶和等离子电视机以数字技术为基础,在信号处理和控制系统中都采用了大规模数字信号处理芯片,伴随着数字技术的应用,很多的新电视、新器件、新工艺和新技术也在这些平板电视机中得到了普及。

新型电视机的普及和新技术的应用,给电视机的售后服务和维修人员提出了新的课题,这些新的知识和维修技能成为了从业人员所面临的问题,也成为中职电子电器应用与维修专业必修的课程。

为了普及液晶电视机和等离子电视机的维修技能,我们采用学中做和做中学的方式,以市场上流行的典型样机为例进行实体解剖,并进行实拆实测,通过实操的演练,学习相关知识、训练维修技能。本书第 1 版及配套多媒体教材,于 2009 年获全国电子信息实践教学成果奖。

在教材编写上采用图解形式,从整机结构、信号流程、工作原理到单元电路进行详解,并将实操过程进行实录演示。

为确保系列图书的知识内容能够直接指导就业,图书在内容的选取上从实际岗位需求的角度出发,将国家职业技能鉴定和数码维修工程师的考核认证标准融入图书的各个知识点和技能点中,所有的知识技能在满足实际工作需要的同时也完全符合国家职业技能和数码维修工程师相关专业的考核规范。本书涵盖"无线电调试专业"、"家电维修专业"及"数码维修工程师专业"考核认证的内容,可作为培训教材。

读者通过学习不仅可以掌握检修的各项知识技能,同时也可以申报相应的国家工程师资格或国家职业资格,争取获得国家统一的专业技术资格证书,使得人生的职业规划和行业定位更加准确,真正实现知识技能与人生职业规划的巧妙融合。

本书由数码维修工程师鉴定指导中心联合多家专业维修机构,组织众多高级维修技师、一线教师和多媒体技术工程师组成专业制作团队,由国家电子行业资深专家韩广兴等编著,参与编写的还有韩雪涛、吴瑛、张丽梅、郭海滨、马楠、宋永欣、梁明、张雯乐、宋明芳、张鸿玉、张相萍、韩雪冬、吴玮等。

另外,为了更好地满足读者的需求,达到最佳的学习效果,本书得到了数码维修工程师鉴定指导中心的大力支持。除了配套的视频 VCD 系列光盘外(需要另外购买),读者还可登录数码维修工程师的官方网站(www. chinadse. org)获得超值技术服务。网站提供最新的行业信息、大量的视频教学资源、图纸手册等学习资料及技术论坛。用户凭借学习卡可随时了解最新的数码维修工程师考核培训信息,知晓电子电气领域的业界动态,实现远程在线视频学习,下载需要的图纸、技术手册等学习资料。此外,读者还可通过网站的技术交流平台进行技术的交流与咨询。

读者通过学习与实践还可参加相关资质的国家职业资格或工程师资格认证,可获得相应等级的国家职业资格或数码维修工程师资格证书。如果读者在学习和考核认证方面有什么问题,可通过以下方式与我们联系。

数码维修工程师鉴定指导中心

网址:http://www.chinadse.org

联系电话:022 - 83718162/83715667/13114807267

E-mail:chinadse@163.com

地址:天津市南开区榕苑路 4 号天发科技园 8 - 1 - 401

邮编:300384

编　者

2012 年 3 月

目 录

第1章 电视信号传输与接收的基础知识

1.1 电视节目的采集和传输

1.1.1 电视信号的形成、发射和接收

人们在电视屏幕上看到的节目，都是先由摄像机和话筒将现场景物和声音变成电信号（视频图像信号及伴音信号）送到发射台经调制发射，或是先用录像机将这些声像电信号记录下来进行编辑后送入发射机再发射出去。

为了使声像信号能传送到千家万户，要选择适当的射频载波信号。50～1000MHz 的射频信号如有足够的功率可以传输数十千米至数百千米，只要天线发射塔足够高就可以覆盖较大的面积（城市及远郊）。将视频图像信号和伴音信号"装载"（调制）到这种射频信号上就可以实现电视信号传输的目的。

电视节目发射前的图像和伴音信号的处理过程如图 1-1 所示。从图中可见，视频图像信号由摄像机产生，音频伴音信号由话筒产生，分别经处理（调制、放大、合成）后由天线发射出去。

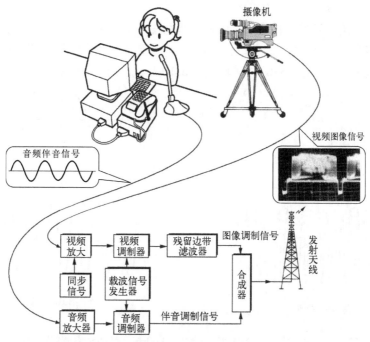

图 1-1 电视节目发射前的图像和伴音信号的处理过程

电视节目的接收过程如图 1-2 所示，天线接收的高频信号经调谐器放大和混频后变成中频信号。中频载波经放大和同步检波，将调制在载波上的视频图像信号提取出来。图像信号经检波和处理，在同步偏转的作用下由显像管将图像恢复出来。音频信号经 FM 解调、低放后由扬声器恢复出来。

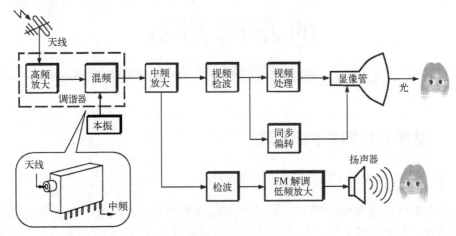

图 1-2　电视节目的接收过程

1.1.2　模拟电视信号的调制和传输方式

电视信号主要由图像信号（视频信号）和伴音信号（音频信号）两大部分组成。图像信号的频带为 $0 \sim 6\text{MHz}$，伴音信号的频带一般为 $20\text{Hz} \sim 20\text{kHz}$。为了能进行远距离传送，并避免两种信号的互相干扰，在发射台将图像信号和伴音信号分别采用调幅和调频方式调制在射频载波上，形成射频电视信号从电视发射天线发射出去，供电视机接收。视频已调幅（AM）的信号波形与音频已调频（FM）的波形如图 1-3 所示，这样可有效地避免伴音和图像之间的相互干扰。

电视节目的调制、发射、传输和接收的过程如图 1-4 所示。

射频图像信号是一种调幅波，即载波信号（f_p）受视频图像信号的调制而形成的。调幅波有上下两个边带，即（$f_\text{p} + 6\text{MHz}$）和（$f_\text{p} - 6\text{MHz}$），占有 12MHz 带宽。这样，在有限的

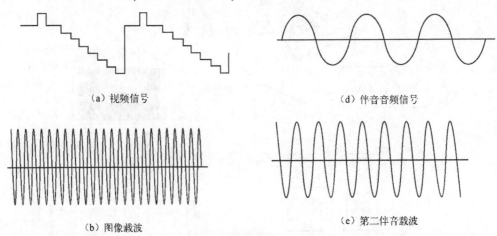

图 1-3　视频信号的幅度调制（AM）与音频信号的频率调制（FM）

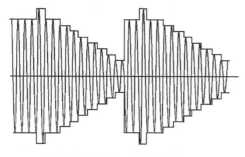 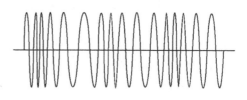

（c）视频幅度调制(AM)信号波形　　　　　　　　　　（f）音频调频(FM)信号波形

图 1-3　视频信号的幅度调制（AM）与音频信号的频率调制（FM）（续）

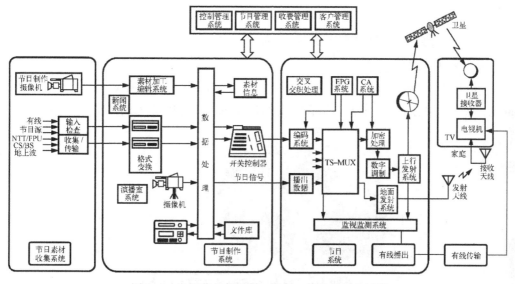

图 1-4　电视节目的调制、发射、传输和接收过程

广播电视波段就容纳不了多少个频道。另外，这样宽的频带使接收机的造价也大大增加。因此，在保证图像信号不受损失的条件下，将下边带进行部分抑制，以减小带宽，这就是残留边带方式，如图 1-5 所示。可见，一个频道就只占 8MHz 的带宽了。

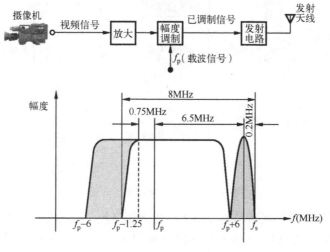

图 1-5　电视信号的频谱

伴音信号一般是先调频在 6.5MHz 的载波上（电视机中的第二伴音中频信号），再将 6.5MHz 的伴音载波信号与图像载波混频，产生出比图像载波高 6.5MHz 的伴音射频信号。为了提高伴音信号的信噪比，伴音信号在调频之前要先经过预加重处理，即有意识地提升伴音信号中的高频部分，解调后利用去加重电路，恢复为原伴音信号，这样做可以抑制其三角噪声。

调幅的射频图像信号和调频伴音信号，经双工器合在一起组成射频电视信号，共占 8MHz 的频带宽度。这种射频电视信号经过高频功率放大后即可从天线发射出去供电视机接收，也可用电缆直接馈送给电视机。

我国的射频电视信号分甚高频（VHF）和超高频（UHF）两波段。甚高频段包括 1 ~ 12 频道，其中 1 ~ 5 频道称为低频段（即 VI 或 VL），频率范围为 50 ~ 92MHz；6 ~ 12 频道称为高频段（即 VⅢ 或 VH），频率范围为 168 ~ 220MHz。超高频段包括 13 ~ 68 频道，频率范围为 470 ~ 960MHz。

1.1.3　电视信号的编码和解码过程

1. 电视信号的编码方法

电视信号的编码各国有不同的方式，国际上流行的有三种方式，即 NTSC 制、PAL 制和 SE-CAM 制，我国采用的是 PAL 制。视频信号的形成通常是由摄像机完成的，如图 1-6 所示。

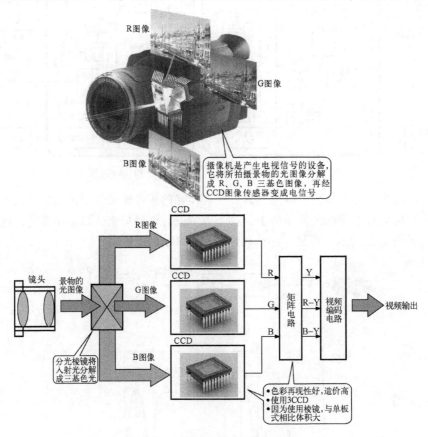

图 1-6　视频图像信号的形成

视频摄像机所摄景物的光信号通过镜头组进入摄像机，通过分色器将所摄彩色图像分解成红（R）、绿（G）、蓝（B）3 幅基色图像（如图 1-7 所示），分别送到 3 只 CCD 摄像元件（或摄像管），CCD 图像传感器再把这 3 幅基色图像光信号转换成 R、G、B 三个基色电信号。这3个基色电信号在矩阵电路经编码组成一个复合视频信号。

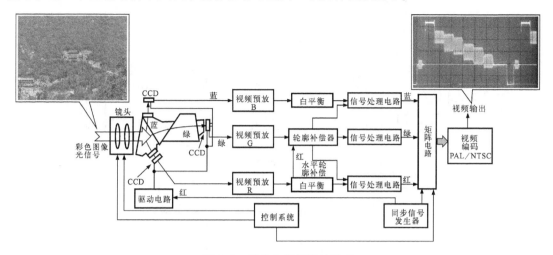

图1-7　彩色电视信号的形成

PAL开关的控制信号是1/2行频，即7.8kHz的开关信号，它由行同步信号经分频整形后得到。这样就造成了送到V平衡调制器的副载波信号的相位一行为+90°，而下一行为-90°。U分量和V分量在加法器中混合在一起组成色度信号，经谐波滤波器去除多余的谐波成分之后再送到加法器（信号混合电路）与亮度信号混合。亮度信号在混合前还必须嵌入电视接收机扫描用的行、场消隐脉冲和复合同步脉冲信号。场、行消隐脉冲及复合同步脉冲是由摄像机内部的同步发生器产生的。加法器完成了这一嵌合作用。由于两个色差信号经窄带滤波器处理后产生延时作用，所以为了对此延时进行补偿，在混合前还要对亮度信号施加0.6～0.7μs的延迟。使亮度及色度信号具有相同的延迟。经行、场消隐脉冲及复合同步脉冲的嵌合和0.6～0.7μs的延迟后的亮度信号就可与色度信号混合在一起形成PAL制彩色全电视信号（FBAS），最后通过视频放大器放大后，就可用于调制射频载波，再经天线发送或直接供录像机记录了。

2. 彩色信号的编码过程

我国电视信号采用的是PAL制，它是在NTSC制的基础上经改进而成的，是将NTSC制中色度信号的一个正交分量逐行倒相，从而抵消了在传输过程中产生的相位误差，并把微分相位误差的容限由NTSC制的±12°提高到了±40°。1967年，西德和英国正式采用PAL制广播，西欧、大洋州地区及一些其他国家先后都采用了PAL制。PAL信号的主要特点是正交平衡调制和逐行倒相。

3. 彩色信号的解码过程

色度信号的解码电路是比较复杂的，为了说明信号的解码过程，这里只用其方框原理来加以说明。解码电路是发射端编码电路的逆处理电路，它主要由两部分组成，即色度信号处理电路和色同步信号处理电路。色度信号处理电路的作用是将已编码的色度信号还原成三个色差信号，以便在矩阵电路或末级视放中与亮度信号相加而最终还原成三基色信号。色同步处理电路的作用是恢复0°和90°相位的副载波和逐行倒相的副载波，使色度信号准确还原，色度信号的解码过程如图1-8所示。

从中频通道中视频检波电路送出的视频信号，在色度信号处理电路中，首先由带通滤波器（4.43MHz±0.5MHz）阻止亮度信号而取出色度信号。色度信号中包含两部分：色信号

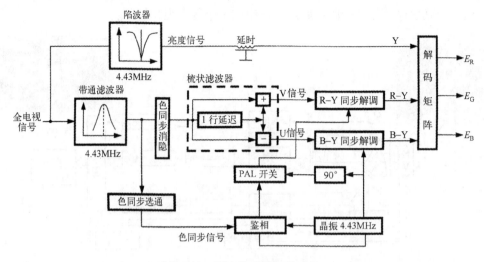

图1-8　色度信号的解码过程

和色同步信号。在色度信号处理之前首先要将色度信号和色同步信号分离，这里使用时间分离法，利用行同步信号延迟后形成色同步选通脉冲将两者分离。

　　除去色同步信号的色度信号，再由梳状滤波器将两个正交信号V和U分离。梳状滤波器由延迟线、加法器、减法器组成，如图1-8中虚线方框所示。由于使用延迟线，故这部分电路又叫延迟解调器。经梳状滤波器输出的V、U信号分别加到R−Y及B−Y同步解调器（或称V解调器及U解调器）上，解出两色差信号。视频信号中各种信号分离方法如图1-9所示。

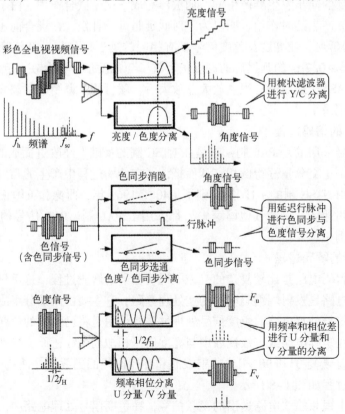

图1-9　视频信号中各种信号的分离方法

1.2　数字电视信号的编码和解码方式

数字电视节目是由数字化的伴音和视频图像信号组成的，伴音和图像信号作为节目的信号源，将这些信号进行数字编码处理的过程称为信源编码。编码后的信号要进行发射或传输，还要进行编码。在这里，为了将音频、视频等信号的数字编码信号以相应的频道进行发射和传输而进行的编码，称为信道编码。由于地面广播、卫星广播和有线系统的信号传输环境的不同，因而信道编码的方法也不同。信道编码后的数字电视信号经调制后就可以通过所选定的频道传输出去了。

1.2.1　信源的编码和解码过程

数字电视广播传输系统是采用数字信号处理技术进行传输和处理的系统，图1-10是它的发射和接收的系统框图。

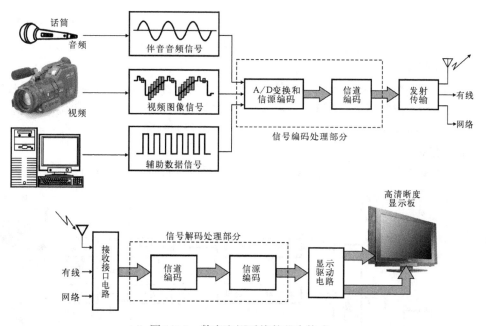

图1-10　数字电视系统的基本构成

在信号的传输过程中还会产生衰落等问题，这些因素会影响信号的正常传送，往往会造成数字编码信号的漏码、错码，从而破坏图像的质量。为解决这些问题，就需要在数字信号的编码和解码的电路中增加很多技术手段，以便进行信号的检错和纠错。

视频、音频数字化后所形成的数据量很大，在进行传输前还必须进行数据压缩，而在传输后要进行相应的解压缩处理。压缩和解压缩也是一个非常复杂而精密的信号处理过程。下面对数字电视发送端的各部分做简要介绍。

1. 信源编码

数字电视系统要传输的主要内容为视频图像信号、伴音音频信号，此外还有图文数据信息（其中还有其他的一些业务数据）。这些信号都属于信号源，它们要组合在一起同时进行传输。因此需要有专门的电路进行编码处理，这就是信号源编码电路的功能。典型的信源编码电路结构如图1-11所示。

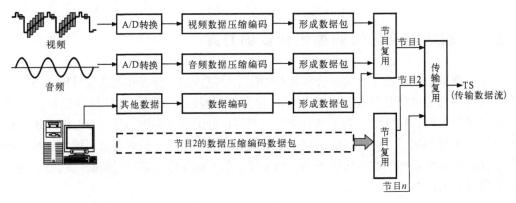

图1-11　典型的信源编码电路结构

① 节目1、音频、视频图像信号分别进行 A/D 变换、数据压缩处理，变成数据压缩的编码信号，并形成数据包。

其他的业务数据经编码形成数据包。

视频数据包、音频数据包和其他数据包在节目复用电路中按比例合成为一个数据组合作为节目1的数据，送到传输复用系统中。传输复用系统将多个节目的数据合成作为传输数据流信号输出（简称 TS）。

② 节目2、节目3、…、节目 n 的信号处理过程与节目1的处理电路和处理过程相同，分别经节目复用形成节目2、节目3、…、节目 n 的数据组合。

③ 多个节目的数据都送到传输复用电路中，再进行调制和发射（传输）。

2. 信源解码

信源解码电路设在信号的接收端，其结构（信号处理过程）如图1-12所示。

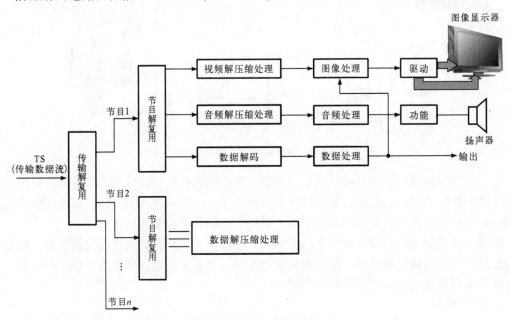

图1-12　信源解码的电路结构

多个节目数据通过传输通道（介质）到达接收端，经传输解复用电路将节目1、节目2、…、节目 n 的数据进行分离，每一个节目接收电路实际上就是一部数字电视的接收机。

例如，图 1-12 中节目 1 的数据经节目解复用，将视频图像数据、伴音数据和其他数据分离开，然后分别进行解压缩处理。解压缩处理后恢复了原音频和视频的数字信号。

视频数据送到图像处理电路进行处理变成驱动显示器件的信号，最后在显示器上显示出节目 1 的图像。

音频数据送到音频处理电路中进行处理，最后变成驱动扬声器的音频信号，使扬声器发声。

数据信号经处理后，对需要在屏幕上显示的图文信息变成屏显信号送到视频电路与图像信号合成或切换。

1.2.2 信道编码和解码的过程

信道编码是将音频、视频等信号经信源编码处理后的数字信号进行进一步的处理，以便进行有效的传输。信号编码电路主要是对数据信号进行数据加扰、纠错编码、数据交织等处理，然后再进行调制和发射（传输）。

在接收端则进行相反的处理，即进行数据解扰、纠错和数据的去交织。数据加扰实际上是一种信号能量的扩散处理。纠错编码的功能是在信号的接收电路中，通过检错电路进行误码检测和纠错处理，数据交织和去交织处理也具有纠错的功能。信道编码和解码的功能方框图如图 1-13 所示。

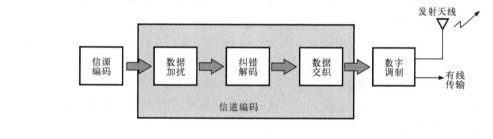

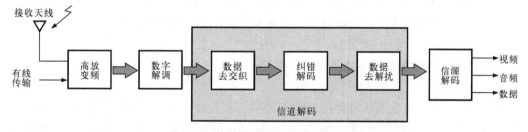

图 1-13 信道编码和解码的功能方框图

在数据信号的纠错编码和交织处理过程中需要进行比较复杂而精密的数据处理。信号编码处理过程中又分为外信道编码和内信道编码。外信道处理包括数据加扰（能量扩散）、RS 纠错编码、外码数据交织和内码传输调制等部分。

这些复杂的处理技术可增强信号传输过程中的抗干扰能力，减少信号的损失和误码，并能有效地检出误码和校正误码从而保证信号的质量。

1.2.3 数字电视信号处理的基本方法与技术标准

1. 数据压缩处理的基本方法

图 1-14 是数字处理和数据压缩信号处理电路框图。

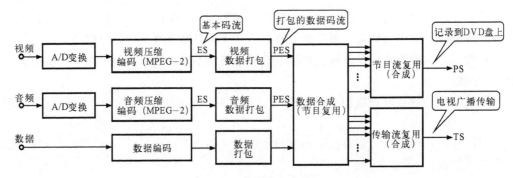

图 1-14　数字处理和数据压缩信号处理电路框图

对音频、视频信号进行压缩处理时，首先进行 A/D 变换，将模拟信号变成数字信号。数字信号的数据量一般是很大的，因此需要进行数据压缩，在数字电视系统中大都采用 MPEG—2 的压缩标准，压缩后的数字信号在进行传输时被称为数据码流，这里常称之为基本码流（Elementary Stream，ES）。视频压缩的数据信号、音频压缩的数据信号及业务数据在接收和解压缩处理时，为了便于信号的分离，在进行合成前要分别对上述的三种信号进行数据打包，将视频、音频及业务数据（基本码流）再进行打包处理，包装成一个一个的数据包。包装后的数据称为包装数据码流（Packetized Elementary Stream，PES）。

在进行节目传输时要将视频、音频及业务数据包按比例合成一个数据流，这个数据流称为传输数据流（Transport Stream，TS），有些情况下也称节目数据流（Program Stream，PS）。

对于多个节目内容或业务数据还可合成为复用 PS 流或复用 TS 流。这两种数据流应用环境有所不同。

TS 流（传输数据流）通常适用于数字电视节目的传输环境，这种环境是指通过天空进行传输，因此信号的衰落或干扰比较严重。该码流之间具有不同的时间基准，它的数据包的长度比较短，固定为 188 字节。

PS 流（节目数据流）通常适用于误码率低的环境，如光盘和磁介质（硬盘、磁盘等）记录。其节目流之间具有同一时间基准。该数据包的长度可根据需要改变，通常比 TS 流长，如 VCD 的 PS 流，节目包长为 2324 字节，DVD 的 PS 流长为 2048 字节。

2. 数据信号传输处理的基本方法

（1）数据扰乱

音频、视频和业务数据信号经过信源编码后，其数据信号有可能出现长串的连续 "0" 或长串的连续 "1"。这样的信号在发射时，同时也会影响接收机中的载波恢复。为此采用数据扰乱的处理方法。对数据按一定的规律进行处理，消除连续 "0" 和连续 "1" 的编码信号。

数据干扰以数据包群为单位，每 8 个数据包组成一个数据包群，每个数据包为 188 个字节，数据包群为 $188 \times 8 = 1054$ 字节，其中第 1 字节作为同步字节。

（2）RS 纠错编码与数据交织

RS 纠错编码，RS 是 Reed（里德）和 Solomon（索罗门）两个人名的缩写。RS 纠错编码的方法是由这两个人提出的，所以叫 RS 纠错编码方法。这种编码方法具有很强的纠错能力，因而被广泛应用在数字电视的信号处理电路中。

RS 纠错编码的基本方法是在数据包信号的后面加入一些辅助信号，在解码时通过对信号主体和辅助信号的识别检出误码并进行纠错。

（3）数据交织

在数据发射端进行数据交织处理，在数据的接收端进行去交织处理将数据还原，这个过程可以校正传输或处理过程中的误码。

（4）内码卷积编码和 QPSK 调制

数字电视信号为了便于传输和解码需要进行各种处理和运算，从而提高抗干扰的能力。目前这些编码和解码电路都制成集成电路，复杂的信号处理都由集成电路来完成，使编码、解码电路的安装和调试大大简化。

QPSK 调制是四相键控调制方法，它和内码卷积编码、基带整形等结合在一起进行信号处理，其电路结构如图 1-15 所示。

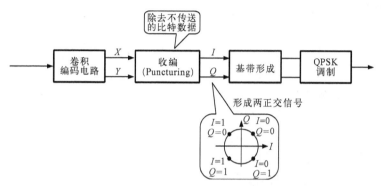

图 1-15　QPSK 调制器电路结构图

QPSK 调制器如图 1-16 所示，四相键控等效于两电平正交调幅输出信号，其输出信号的包络是恒定的，只是载波的相位按 90° 整数倍变化。这些调制电路都集成在大规模集成芯片中，不必了解电路的细节。

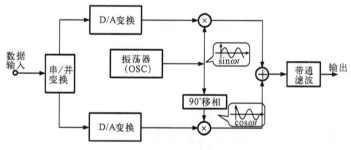

图 1-16　QPSK 调制器

3. 数字电视的技术标准

数字电视的卫星传输、有线传输和地面传输是同时进行的。数字电视接收机能兼容三种传输系统是比较理想的，但是全部兼容也是有困难的，希望能有更多的兼容部分。这是因为三种传输的环境不同，有线电视受干扰很小，卫星传输受干扰较小，地面传输则受干扰严重，因而在地面传输方式中需要加很多的抗干扰措施。实际上，它们的信源编码、数据扰乱、RS 纠错编码、卷积交织等信号处理方法是相同的，主要是内码卷积交织、内码卷积编码和传输调制方法有所不同。所以不同国家和地区采用了不同的技术标准。例如，地面数字电视的传输标准欧洲采用 DVB-T，美国采用 ATSC-T，日本采用 ISDB-T。我国正在制定自己的数字电视标准。

数字电视机中有数字高清晰度（HDTV）和数字标准清晰度（SDTV）两种规格。这两种规格的电视图像质量（清晰度）不同，MPEG 的码率（每秒传输的数据量，Mbps）也不同。HDTV 的清晰度为 700 线，传输码率为 20Mbps，SDTV 的清晰度为 500 线，传输码率为 5Mbps 左右。

网络传输的数字电视节目，目前往往采用 MPEG—4 的技术标准，这是由于网络传输信号带宽的限制，传输的速率不能太高。MPEG—4 原开发的目标是可视电话和会议视频，可用超低的码率，即高压缩比。由于 MPEG—4 的编码系统具有开放性的特点，可随时加入新的算法模块。随着 MPEG—4 的应用和普及，特别是多媒体技术的应用，包含音频和视频的多媒体信息，越来越多的采用 MPEG—4 的技术标准。

1.3　电视信号的传输方式

电视信号传输方式最主要的特点是传输数字电视节目，即采用数字调制的方式传送数字视频图像和数字伴音信号。

目前数字电视节目的传输方式有四种：

卫星传输方式——数字卫星广播系统；

有线传输方式——数字有线传输系统；

地面传输方式——数字电视广播系统；

网络传输方式——宽带网络传输系统。

1.3.1　数字卫星广播系统

利用卫星进行电视信号的传播系统（图 1–17），相当于将发射天线升高，使卫星的直射

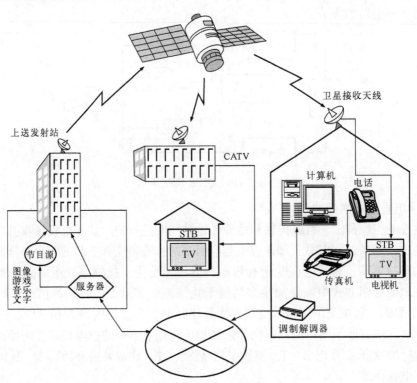

图 1–17　数字卫星广播系统

电波几乎可以覆盖半个地球。卫星地面站将电视信号发射到卫星上（上行），卫星收到电视节目后，再向地球转发。地面上可以通过卫星地面站接收，再通过有线电视系统（CATV）传输到千家万户。个体家庭也可以用卫星接收设备直接接收卫星电视节目。边远地区特别适合安装卫星接收系统。

卫星传输系统地面发射端的信号处理过程如图 1-18 所示。

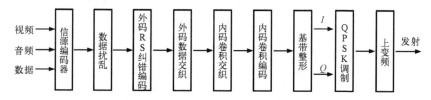

图 1-18 卫星传输系统地面发射端的信号处理过程

从图 1-18 可见，卫星传输系统的信号处理主要包括信源编码、数据扰乱、RS 纠错编码、数据交织、内码卷积交织、内码卷积编码、基带整形、QPSK（4 相移键控）调制等部分。调制后的信号实际上是中频信号，该信号再经变频器变成 12 GHz 左右的高频发射信号（射频信号），发射到卫星上。卫星收到地面发来的射频信号后，变换一下射频频率后再向地球发射回来，进行卫星电视广播。

1.3.2 数字有线传输系统

1. 数字有线传输系统的构成

图 1-19 是数字有线传输系统（CATV）的简图。有线电视中心将多路数字电视节目混合后，经同轴电缆或光缆传输系统，将信号送到用户终端。有线电视传输系统的信号编码处理的过程如图 1-20 所示，它包括信源编码、数据扰乱、RS 编码、卷积交织、字节到符号的转换、差分编码、基带整形、QAM 调制等部分。QAM 调制（正交幅度调制）后的中频信号再经变频器变成射频信号（RF），然后进行有线传输。

信源编码和卫星传输、地面广播相同，都采用 MPEG—2 的压缩方法。

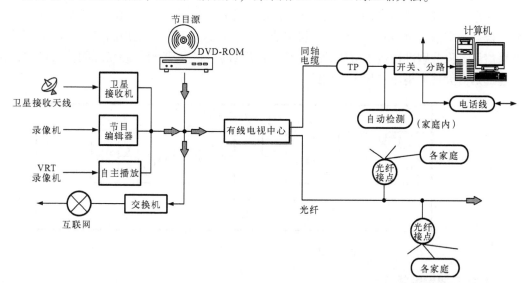

图 1-19 数字有线传输系统的简图

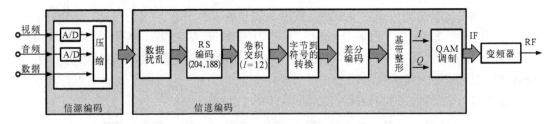

图 1-20　数字有线信号的编码处理过程

信道编码中的数据扰乱、RS(204,188,17)纠错编码、数据交织（$I=12$）与卫星广播系统中的处理方法完全相同，所不同的是数据交织后到传输调制的处理方法。有线传输系统中由于受外界的干扰较小，因而取消了在地面广播系统中采用的内码卷积交织和内码卷积编码，而采用数据信号的字节到符号的转换、差分编码和 QAM 调制处理。

2. 数字有线电视信号的调制方式

有线传输系统中采用正交幅度调制方法，即 QAM 方法，其电路结构如图 1-21 所示。数据信号经串并变换变成两路信号分别经 D/A 变换器变成模拟信号，再经低通滤波器后与两个正交的载波进行幅度调制，调制后的信号合成并输出。

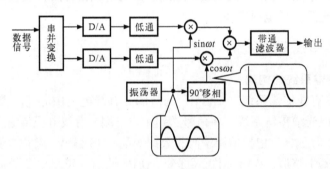

图 1-21　QAM 的调制过程

图 1-22 所示为数字有线信号的解码过程，数字有线电视机顶盒接收到来自电缆的信号，机顶盒首先进行选频（调谐），选出所需要节目的 QAM 信号。经 QAM 解调后形成基带信号，这个基带信号由多套（6 套）节目组成。然后在这多套时分复用的节目中选出所需要的节目信号，再分别进行数字解码处理，最后输出数据和时钟信号。在实际的接收机中，这些处理都是由大规模集成芯片来完成的。

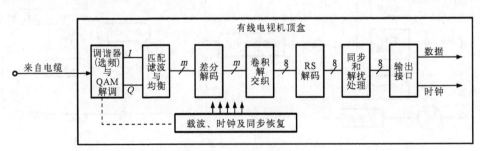

图 1-22　数字有线信号的解码过程

3. 数字有线传输频道

在模拟有线传输系统中，每个频道占用 1 个载频，信号采用幅度调制的方法（AM）。

信号的传输有两种方向：向用户终端传输电视节目内容（下行），称为向前路径。用户向有线中心（上行）传送信息，成为反向路径。目前的有线电视系统主要采用光纤和同轴电缆混合（HFC）传统数字电视。目前的有线电视系统中心，数字电视的频道越来越多，还保留一些模拟电视节目，数字电视的频道安排仍沿用模拟电视的频道划分，每个频道带宽为8MHz（美国为6MHz），其上、下行信道频谱的具体划分如图1-23所示。共分为4个频段，下行信道87～550MHz传送模拟电视，550～750MHz传输数字电视，750～1000MHz传输通信数据；上行信道6～65MHz传送用户向中心发送的信息。

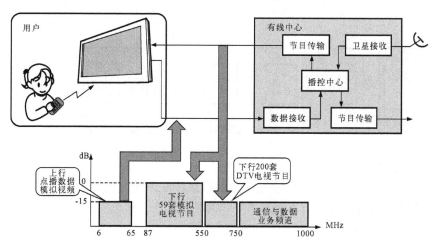

图1-23　数字有线电视传输的频道

1.3.3　数字电视广播地面传输系统

图1-24是地面数字电视广播系统简图。数字电视广播地面传输通过地面电视发射塔

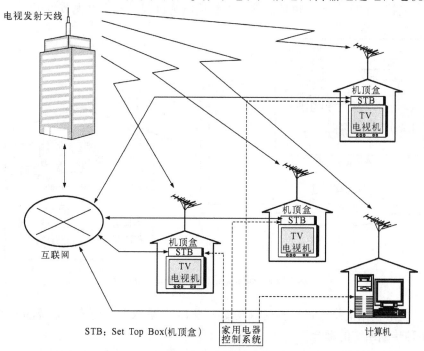

图1-24　地面数字电视广播系统简图

上的天线发射出去，经大气层将信号传送到各家各户的电视机接收天线，数字电视接收机收到信号后进行调谐放大以及解调、解码等处理，再去驱动显示器和扬声器。

由于电视发射天线的高度是有限的，其发射的电视信号必然会受到各种环境因素的影响，例如高大建筑物的遮挡、反射，必然造成大量的多径效应和遮蔽效应，在移动接收时还会产生信号的衰落和多普勒频移。另外，地面上充满了通信的电磁波及各种电子干扰。因而地面传输电视节目必须要考虑各种干扰的因素，以及抗干扰的措施。地面数字电视信号的处理比有线和卫星传输要复杂一些，其电路框图如图1-25所示。

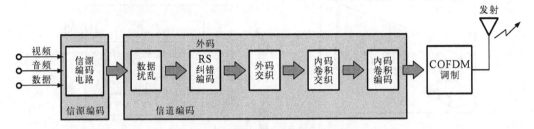

图1-25　数字电视地面传输电路框图

数字电视的地面广播系统与模拟电视地面广播传输系统一般在频道、频谱方面是兼容的。所以，系统的传输码率、信道内码编码和调制方式等，都应参照模拟电视地面广播的频道和带宽。

1.3.4　网络传输系统

1. 带宽网络传输系统

图1-26是利用宽带传输数字电视的系统，在用户终端加上调制解调器就可以利用计算机收视数字电视节目了，接上机顶盒就可以利用电视机观看数字电视节目了。

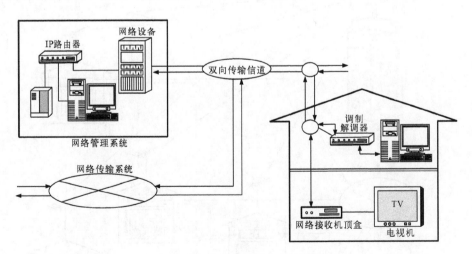

图1-26　利用宽带传输数字电视的系统

数字广播和网络的结合可以实现双互动，图1-27是双向互动传输系统的简图。

2. 多种传输系统的融合

图1-28是数字广播和通信网络系统的融合方式，这种方式可以实现各种通信服务同时

欣赏数字广播节目。

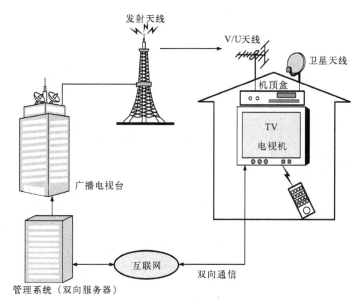

图 1-27　双向互动传输系统的简图

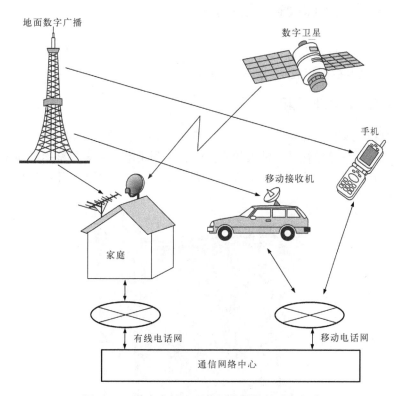

图 1-28　数字广播和通信网络系统的融合方式

图 1-29 是卫星、有线电视和互联网的组合系统简图。用户终端可以接收三种传输系统的数字信号。

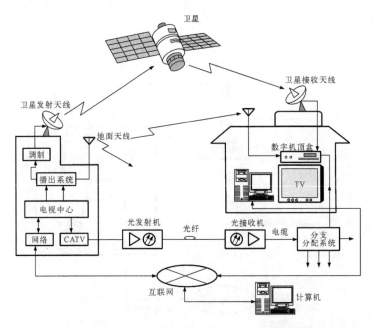

图 1-29　卫星、有线电视和互联网的组合系统简图

1/4　彩色电视机的种类和特点

现在市场上流行的彩色电视机的种类较多，按照彩色电视机内部结构分类主要有 CRT（阴极射线管）彩色电视机和液晶平板彩色电视机两种。

1.4.1　CRT 彩色电视机

CRT 彩色电视机又称为显像管式电视机，其典型结构如图 1-30 所示，它主要采用显像管作为图像显示器件。显像管是一种大的真空管，它利用电子束对屏幕扫描显示图像，具有亮度高、清晰度好的特点，缺点是显像管体积大、笨重，显示图像有几何失真，需要进行精细的几何校正。

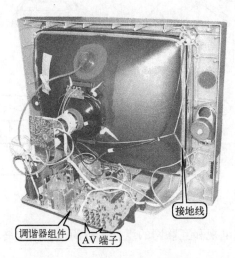

图 1-30　CRT 彩色电视机的典型构成

过去传统的电视机由于技术的因素都是处理模拟信号的电视机。电视信号从发射到接收都是模拟信号，因而其电路也都属于模拟信号处理电路。

现在由于数字技术的发展，为了提高电视机的性能指标，将数字处理技术和相关电路应用到模拟电视机中，如数字式梳状滤波器（Y/C 分立电路），数字音频、视频信号处理电路，图文接收电路等。因而 CRT 电视机也能接收和处理数字信号，称为 CRT 数字电视机。

1.4.2 LCD 液晶平板彩色电视机

目前市场上，液晶平板彩色电视机比较流行，它与 CRT 彩色电视机相比，体积比较小、重量轻、便于安装，还具有很多格式的音视频信号接口，以便与 VCD/DVD、摄录像机和计算机相连，进行电视节目和图形、图像的显示。

液晶电视机的外形及结构如图 1–31 所示，液晶电视机的图像显示器件采用液晶显示板，因此称为液晶电视机。

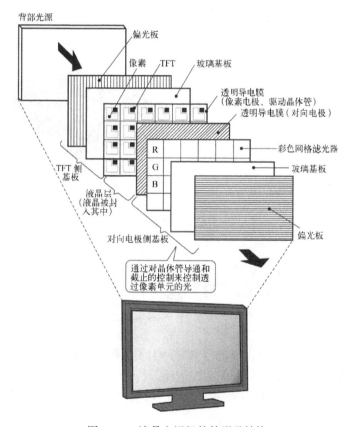

图 1–31 液晶电视机的外形及结构

由于液晶板轻而薄，常与电路板制成一体化结构。过去，液晶显示器由于亮度低、清晰度差，只用于单色显示器或小屏幕彩色显示器。近年来，液晶显示板的清晰度、色彩、亮度等指标都有了很大的提高，满足了高清电视的要求，因而得到了迅速普及。液晶显示板是由一个个液晶显示单元组成的，通常由水平方向的像素数乘以垂直方向的像素数，作为屏幕的总像素数。每个像素单元的尺寸越小，整个屏幕的像素数越多，它所显示的图像的清晰度就越高，画面越细腻。由于液晶显示器清晰度的改善，并具有低功耗的特点，所以其除用于笔记本电脑显示器之外，还用于便捷式 DVD、电视一体机显示器，受到了普遍的欢迎。在数码摄录机中，几乎都采用液晶显示器。目前液晶显示板大都按高清晰度电视机的标准制作。

液晶电视机的背光光源如采用发光二极管（LED）的方式，则被称为 LED 液晶电视机。

1.4.3 等离子彩色电视机

等离子电视机的典型结构如图 1-32 所示。从外观上看，它与液晶电视机很相似，不同的是组成显示屏的像素单元。液晶显示单元本身是不发光的，它靠背部的照明灯透过液晶体而形成图像，而等离子体显示单元是靠显示单元内的气体电离放电发光的，其工作原理和结构不同于液晶显示器。

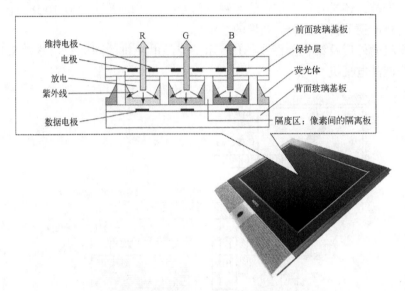

图 1-32　等离子电视机的典型结构

一、判断题

1. 音频信号和视频信号之所以要进行调制是为了远距离传输。（　　）

2. 视频摄像机中都设有电视信号的编码电路。（　　）

3. 信源编码是对音频或视频信号进行 A/D 变换、数据压缩和打包处理的数字处理过程。（　　）

4. 信道编码是为了将不同的音视频电视节目以相应的频道传输而进行的数据处理方法。（　　）

二、简答题

1. 数字电视节目的传输方式有哪几种？

2. 为什么在卫星、有线和地面传输的数字电视信号其调制编码方法有所不同？

3. 数字平板电视机有哪些品种？

第2章 电视图像显示器件的结构和显像原理

2.1 显像管式电视机的结构和显像原理

2.1.1 显像管式电视机的结构

CRT 是 Cathode Ray Tube（阴极射线管）的英文缩写，它是电视机的显像部件，图 2-1 是它的典型结构示意图。从图中可以看出，CRT 电视机由外壳、显像管、电子线路板及显像管电路等部分组成。

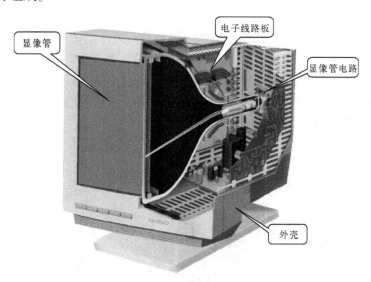

图 2-1　显像管式电视机的结构示意图

在显像管上有一个高压嘴，用于提供显像管工作所需要的阳极高压。在显像管的管径上设有偏转线圈，这个偏转线圈是垂直和水平两种偏转线圈同绕在一个线圈骨架上形成的。在偏转线圈的后部是会聚和色纯校正磁环，它们都固定在显像管的管径上。在显像管的后部是显像管管座和显像管电路。各部件的结构关系如图 2-2 所示。

如图 2-3 所示为彩色电视机显像管部分的结构剖视图。

显像管尾部的电子枪在电子线路的控制下发射出三束电子，三束电子分别对应荧光屏上的 R、G、B 三色荧光粉。为了实现电子束的水平和垂直扫描运动，在显像管的管径上设有偏转线圈。偏转线圈通过磁场对电子束起偏转作用，从而实现水平扫描和垂直扫描，使图像形成一个长方形的画面。

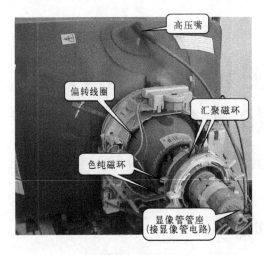
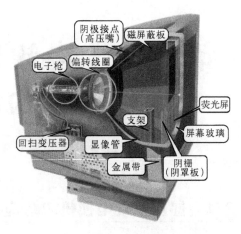

图 2-2　显像管管径上各部件的结构关系　　　图 2-3　CRT 显像管的结构剖视图

为了驱动显像管显示图像，电视机还设有为显像管提供电压的回扫变压器，回扫变压器主要用于为显像管提供阳极高压，以及聚焦极和加速极的电压，使电子束能够正常地进行扫描运动。

2.1.2　显像管的结构特点

1. 显像管屏幕的结构

图 2-4 所示为显像管屏幕的结构示意图。将显像管屏幕上的一个显示区域放大后可以发现，显示图像是由一个个像素单元组成的，而每个像素单元由 R、G、B 三个像素点构成。显像时，电子束发射的电子直接照射到这些小的像素点上，R、G、B 三色像素点相互叠加，就使得每个像素单元合成出了不同的颜色。显像管屏幕上数百万的像素单元组合在一起，就形成了人们所看到的图像。

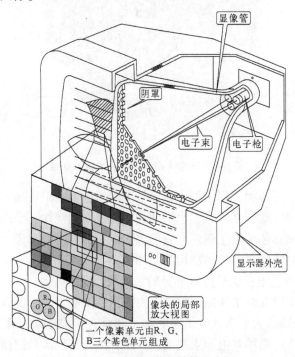

图 2-4　显像管屏幕的结构示意图

2. 电子枪的结构特点

彩色显像管里面需要发射出三束电子，分别对应于R、G、B三种荧光粉，显像管电子枪的位置一般有两种，一种是三枪三束的电子枪方式，其结构如图2-5所示。可以看到，在显像管的尾部里面有三个电子枪，每一个电子枪分别发射出一束电子，分别对应于R、G、B三个像素点，这样在屏幕上三点聚焦就能够形成彩色的图像。

第二种方式就是单枪三束，其结构如图2-6所示。所谓单枪三束就是一个电子枪里面有三个阴极，它同样可以发射出三束电子。单枪三束和三枪三束从发射电子束的角度来讲是一样的，不管哪种方式都需要发射出三束电子。

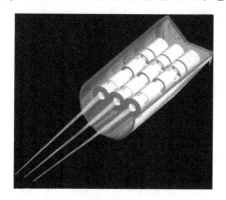
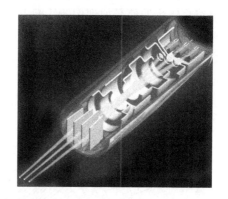

图2-5　三枪三束的电子枪方式　　　　　图2-6　单枪三束的电子枪方式

3. 电子束的聚焦与偏转控制

在显像管内，电子束对屏幕的水平和垂直扫描就形成了一幅图像。要显示高清晰度的图像，就必须对电子束进行精密控制。因此，对电子束来说，偏转和聚焦控制是非常重要的两方面。

电子束的发射和聚焦控制是在电子枪内进行的，在电子枪内通过对电极的设置和控制实现聚焦。在显像管的管径上套有一组垂直和水平偏转线圈，通过磁场实现对电子束的偏转控制。

如图2-7所示为电子束聚焦的原理图。电子束的聚焦控制原理与透镜对光的控制原理基本相同。可以看到，在灯泡的前面设置有预聚焦透镜和聚焦透镜，当光照射出来之后就会在聚焦点将光聚焦为一点，这就是光学透镜对光的作用。显像管中的电子枪所发射的电子束

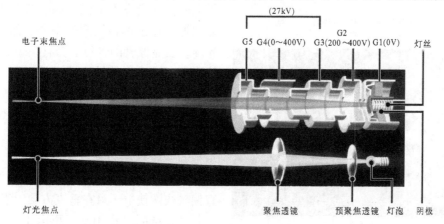

图2-7　电子束聚焦的原理图

就是利用这种原理，电子枪发射的电子束经过不同电极组成的电子透镜也可以聚焦于一点。控制电子束的多个电极，其形状和所加的工作电压是不同的，从而形成电子透镜。电子枪是由阴极和灯丝组成的，阴极被灯丝加热后，其电子就会发射出来飞向阳极。

偏转线圈是安装在显像管管径上一种外形独特的部件，其外形结构如图2-8所示，水平偏转线圈和垂直偏转线圈共同绕制在一个线圈骨架上，在工作的时候电子束由电子枪产生以后穿过偏转线圈的中心射向显像管的荧光屏，在电子束穿过偏转线圈中心的同时，由垂直偏转线圈和水平偏转线圈产生的偏转磁场会对电子束产生偏转作用，使电子束完成水平和垂直方向的扫描运动。偏转线圈的供电电压是由下面的主电路板提供的，由垂直扫描电路和水平扫描电路将锯齿波信号加到偏转线圈上，在偏转线圈的上部还有微调、垂直和水平及扫描中心的调整环节，这样就组成了一个特殊的组件。这个组件的位置非常重要，在出厂时已经调整好它的精确位置，并用楔形橡皮定位块将它和显像管定位在一起，所以在检修的时候偏转线圈的位置不要任意移动。

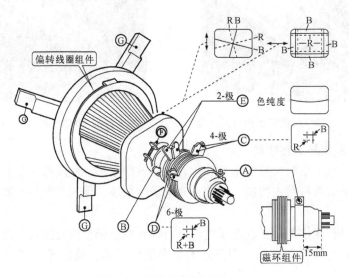

图2-8　偏转线圈的外形结构

4. 电子束与偏转线圈的关系

图2-9是电子枪与偏转线圈的关系示意图，显像管的后部是电子枪，它是用来发射电子束的，它所发射的红、绿、蓝三束电子在显像管中穿过偏转线圈的中心，然后射向荧光屏。在显像管的管径上套有一个偏转线圈。从图中可以看到偏转线圈被做成了一个喇叭形，其目的是为了能够安装在显像管的尾座上并确保与显像管的外壳相吻合。偏转线圈中的水平偏转线圈和垂直偏转线圈分别产生水平的偏转磁场和垂直的偏转磁场，水平偏转线圈使电子束在水平方向上发生偏转，垂直偏转线圈使电子束在垂直方向上发生偏转，这两种磁场同时作用到三束电子上就使得电子束产生水平和垂直的合成运动。三个电子

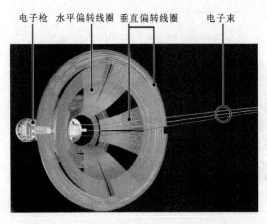

图2-9　电子枪与偏转线圈的关系示意图

束相当于三个电流，电流在磁场中流动的时候会受到电磁力的作用，因而就能够受到偏转力的作用，所以就形成了电子束的偏转运动，电子束的偏转运动由显像管后面的电极进行控制，偏转的大小是由偏转线圈进行控制的，这两者联合控制就可以实现显像管图像的扫描。

2.2 液晶电视机的显像原理

2.2.1 液晶显示屏的结构特点

液晶显示屏主要是应用在电视机中作为显示器件。图2-10是一台典型的液晶电视机示意图。

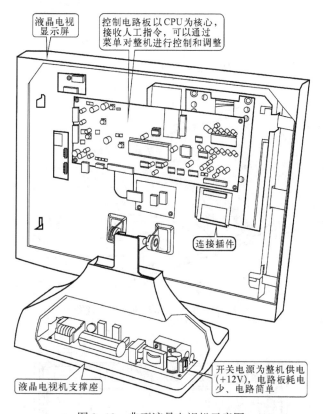

图2-10 典型液晶电视机示意图

从图2-10可见，液晶电视机的显示屏为薄板型，因此它可以利用显示屏后部的空间安装电子线路板，电源供电部分可以直接安装在支撑座内部，使整体结构轻、所占空间小、摆放位置灵活，给使用带来了很大的方便。

2.2.2 液晶材料和显示屏

液晶电视的显示器件主要是由彩色液晶显示屏构成的，如图2-11所示。用于显示图像的液晶屏板是由很多整齐排列的像素单元构成的。每一个像素单元是由R、G、B三个小的三基色单元组成的。

图2-12是液晶显示板的分解示意图。它主要是由两玻璃板之间夹上液晶材料，再配上偏光板和控制电极构成的。液晶显示屏通常与驱动集成电路制成一体化组件。从背面可以看

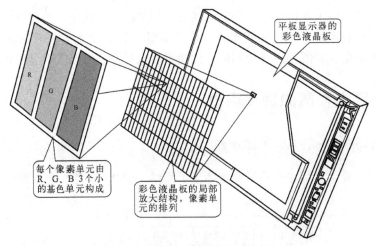

图 2-11　液晶显示器部分的结构

到它的驱动集成电路及安装部位，如图 2-13 所示。

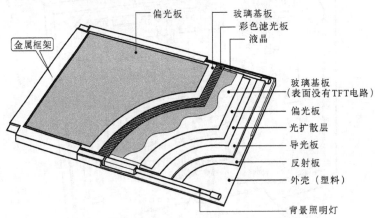

图 2-12　液晶显示板的分解示意图

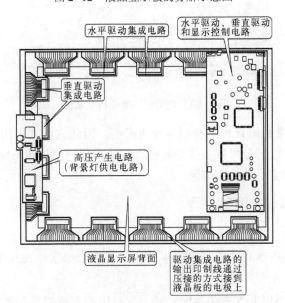

图 2-13　液晶显示板与驱动集成电路

　　图2-14是液晶电视机显示屏的结构示意图。它同普通显像管电视机相比，主要是显示器件不同。液晶电视机采用彩色液晶屏作为显示器件。液晶显示屏具有重量轻、体积小的特点。它作为显示器件，除了在彩色电视机中取代显像管制成超薄型电视机之外，还可制成液晶计算机显示器，在笔记本电脑中被广泛应用，受到了消费者的普遍欢迎。

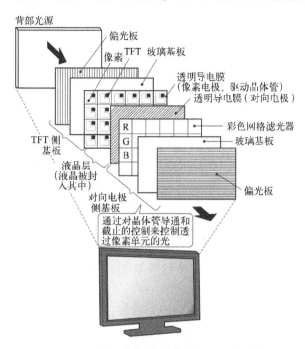

图2-14　液晶电视机显示屏的结构示意图

　　液晶显示屏是由一排排整齐设置的液晶显示单元构成的。一个液晶板有几百万个像素单元，每个像素单元由R、G、B三个小的单元构成。像素单元的核心部分是液晶体（液晶材料）及其半导体控制器件。液晶体的主要特点是在外加电压的作用下液晶体的透光性会发生很大的变化。如果控制液晶单元各电极的电压，并使其按照电视图像的规律变化，在背部光源的照射下，从前面观看就会有电视图像出现。

　　液晶体是不发光的，在图像信号电压的作用下，液晶板上不同部位的透光性不同。每一瞬间（一帧）的图像相当于一幅电影胶片，在光照的条件下才能看到图像。因此在液晶板的背部要设有一个矩形平面光源。

　　液晶显示板的剖面图如图2-15所示。在液晶板的背部设有光源，透过液晶层在前面观看屏幕的显示图像，液晶层的不同部位的透光性随图像信号的规律变化，从而可以看到活动的图像，即随电视信号的周期不断更新的图像。

　　液晶显示屏中每一个像素单元设有一个控制用薄膜场效应晶体管。整个显示屏通过设置多条水平方向和垂直方向的驱动电极，便可以实现对每个场效应晶体管的控制。电视信号要转换成控制

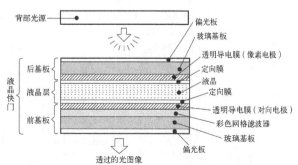

图2-15　液晶显示板的剖面图

水平和垂直电极的驱动信号，对液晶显示屏进行控制，从而显示出图像。液晶显示屏的电极都从四边引出，为了连接可靠，将驱动集成电路也安装到显示屏的四周，并使集成电路的输出端与电极压接牢固。这样就形成了液晶板和驱动电路一体化的组件，如图2-16所示。

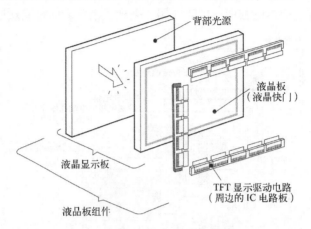

图2-16　液晶显示屏组件的结构

将电视信号变成驱动水平和垂直排列的液晶单元的控制信号，就可以实现液晶板的驱动，因而需要大规模数字信号处理芯片，将视频图像信号转换成驱动液晶屏的信号。

2.2.3　液晶体的性能和特点

1. 液晶体的特性

物质一般有三种状态，即固态（结晶状态）、液态和气态，而且这三种状态是随温度的变化而相互转化的。例如，水在0℃以下是固态（冰），在0℃～100℃之间是液态，而在100℃以上会变成蒸汽（气态）。液晶体在不同的温度条件下有四种状态，即固态（结晶态）、液晶、液态和气态，如图2-17所示。固态是结晶体的结构，其分子或原子的结构很

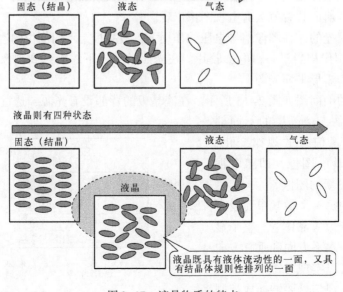

图2-17　液晶物质的特点

有规律。液态与气态的不同主要是分子的密度不同。例如，水的分子密度是水蒸气分子密度的 1000 倍。液体和气体的另一特点是流动性，因而液体没有固定的形状。

液晶既具有液体流动性的特点，又具有固体结晶态（规则性）的特点。液晶介于固态和液态两者之间，简称液晶。液晶体的四态也是由温度决定的。

液晶用于制作显示器，最主要的特点是，其中的分子排列受电场的控制。而液晶的透光性与分子的排列有关。液晶在自然状态时，其分子的排列是无规律的，当受到外电场的作用时，其分子的排列也随之变化，如图 2-18 所示。

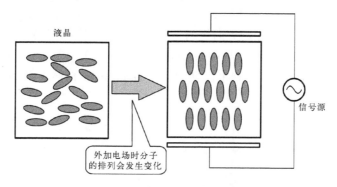

图 2-18　液晶分子的排列与电场的关系

2. 液晶屏的透光性

液晶屏的透光性首先与偏光板有直接的关系。偏光板是与液晶板紧密结合的部分。其结构和性能如图 2-19 所示，当入射光的振动方向与偏光板的方向一致时，光可以穿过偏光板，如果偏光板的方向与入射光的方向不同时，会阻断光的通过。

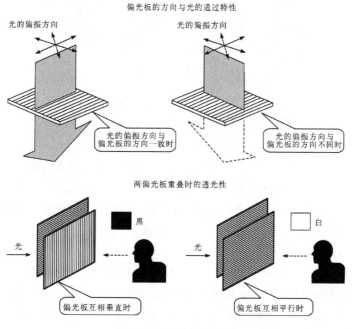

图 2-19　偏光板的功能

从前述可知，液晶有四个相态，分别为固态、液晶、液态和气态，且四个相态可相互转化，称为"相变"。相变时，液晶的分子排列发生变化，从一种有规律的排列转向另一种排列。后来发现，引起这一变化的原因是外部电场或外部磁场的变化。同时液晶分子的排列变化必然会导致其光学性质的变化，如折射率、透光率等性能的变化。于是科学家们利用液晶的这一性质做出了液晶显示板，它利用外加电场作用于液晶板，改变其透光性能的特性，来控制光通过的多少，从而显示图像。

液晶显示板是将液晶材料封装在两片透明电极之间，通过控制加到电极间的电压即可实现对液晶层透光性的控制。

液晶板的工作原理如图 2-20 所示。从图中可见，液晶材料被封装在上下两片透明电极之间。当两电极之间无电压时如图 2-20（a）所示，有电压时，液晶分子受到透明电极上的定向膜的作用，液晶分子按一定的方向排列。由于上下电极之间定向方向扭转 90°；入射光通过偏振光滤光板进入液晶层，变成了直线偏振，如图 2-20（a）所示的方向，当入射光在液晶层中沿着扭转的方向进行，并扭转 90°后通过下面的偏振光滤光板后，变成了图 2-20（b）所示的方向。

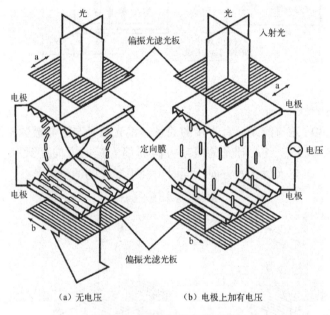

(a) 无电压　　　　　　　　(b) 电极上加有电压

图 2-20　液晶板的工作原理

当上下电极板之间加上电压以后，液晶层中液晶分子的定向方向发生变化，变成与电场平行的方向排列，如图 2-20（b）所示。这种情况下，入射到液晶层的直线偏振光的偏振方向不会产生回转，由于下部偏振光板的偏振方向与上部偏振光的方向相互垂直，所以入射光便不能通过下部的偏振光滤光板，此时液晶层不透光。因而，液晶层无电压时为透光状态（亮状态），有电压则为不透明状态（暗状态）。

对液晶分子进行定向控制的是定向膜，定向膜是一种在两电极内侧涂覆而成的薄膜，这层薄膜是一种聚酰亚胺高分子材料，定向膜紧接液晶层的液晶分子。由于液晶层具有弹性体的性质，上下定向膜扭转 90°，于是就形成了液晶分子定向扭转 90°的构造，如图 2-20（a）所示。

从图 2-20 可见，液晶电视显示器的显示板为薄板型，因此它可以利用显示板后部的空间安装电子线路板，电源供电部分可以直接安装在支撑座内部，使整体结构轻、所占空间小、摆放位置灵活，给使用带来了很大的方便。

图 2-21 显示了当加上电压时，液晶分子定向区域的形成状态。图中的中间两虚线中部分为液晶分子定向变化的部分，这个部分是由于电压作用而形成的。

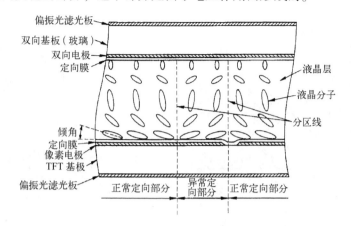

图 2-21 液晶分子定向变化部分的形成

2.2.4 彩色液晶显示板、单色液晶显示板的结构和原理

彩色液晶显示板的显示原理如图 2-22 所示。在液晶层（液晶快门）的前面，设置由 R、G、B 栅条组成的滤波器，光穿过 R、G、B 栅条，就可以看到彩色光。由于每个像素单元的尺寸很小，从远处看就是 R、G、B 合成的颜色，与显像管 R、G、B 栅条合成的彩色效果是相同的。这样液晶层设在光源和栅条之间，实际上它很像一个快门，每秒钟快门的变化与电视画面同步。如果液晶层前面不设彩色栅条，就会显示单色（如黑白图像）图像。

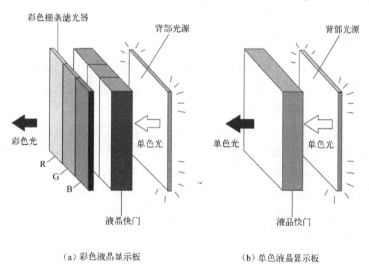

（a）彩色液晶显示板　　　　　　（b）单色液晶显示板

图 2-22 彩色液晶显示板的显示原理

目前，液晶电视机多采用全彩色液晶器件，实现全彩色显示，其实现方法一般来说有两种，即加色混合法和减色混合法。

图 2-23 所示的为加色混合显示器示意图。从图中可见彩色滤光片中 R、G、B 三个小的彩色滤光片拼合在一起构成一个像素单元，其下面对应三个光开关。显示某单色光时，相应的光开关只需要遮住另外两个小的彩色滤光片即可。

减色混合法是把红、绿、蓝三个滤光片叠在一起，获得单色光的方法是把某一个彩色滤光片变成完全透明的状态，即可获得三个单基色之一，如图2-24所示。

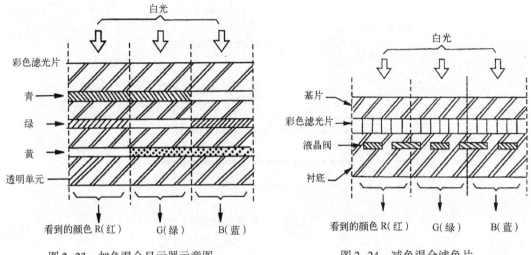

图 2-23　加色混合显示器示意图　　　　　图 2-24　减色混合滤色片

把三个这样的液晶板按一定的顺序叠放在一起，三个板中含不同的彩色，通过选择外加电压开关来控制其中分子的排列，可将显示的三个单基色混成彩色，以实现全彩色的显示。

这样按照一定规律就形成了液晶显示屏，如现在常用的就是双重矩阵液晶显示屏。此液晶显示屏有扫描电极和信号电极，一条扫描电极相当于两个扫描行，两组信号电极相当于1个信号列，而每一条扫描行与图像的4行（NTSC制）相对应。显示控制由扫描驱动器驱动，给它提供信息的是模拟多路分配器。

2.2.5　液晶显示板的控制方法和等效电路

图2-25是液晶显示板的局部解剖视图。液晶层封装在两块玻璃基之间，上部有一个公共电极，每个像素单元有一个像素电极，当像素电极加上控制电压时，该像素中的液晶体便会受到电场的作用。每个像素单元中设有一个为像素单元提供控制电压的场效应管，由于它制成薄膜型紧贴在下面的基板上，因而称为薄膜晶体管，简称TFT。每个像素单元薄膜晶体管栅极的控制信号是由横向设置的 X 轴提供的，X 轴提供的是扫描信号，Y 轴为薄膜晶体管提供数据信号，数据信号是视频信号经处理后形成的。

场效应晶体管及电极的等效电路如图2-25的下部所示。图像数据信号的电压加到场效应管的源极，扫描脉冲加到栅极，当栅极上有正极性脉冲时，场效应管导通，源极的图像数据电压便通过场效应管加到与漏极相连的像素电极上，于是像素电极与公共电极之间的液晶体便会受到 Y 轴图像电压的控制。如果栅极无脉冲，则场效应晶体管便是截止的，像素电极上无电压。所以场效应管实际上是一个电子开关。

整个液晶显示板的驱动电路如图2-26所示，经图像信号处理电路形成的图像数据电压作为 Y 方向的驱动信号，同时图像信号处理电路为同步及控制电路提供水平和垂直同步信号，形成 X 方向的驱动信号，驱动 X 方向的晶体管栅极。

当垂直和水平脉冲信号同时加到某一场效应管的时候，该像素单元的晶体管便会导通，如图2-26的下部所示，Y 信号的脉冲幅度越高、图像越暗，Y 信号的幅度越低、图像越亮。当 Y 轴无电压时TFT截止，液晶体100%透光，呈白色。

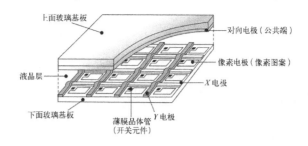

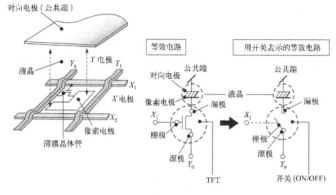

图 2-25 液晶显示板的局部解剖视图

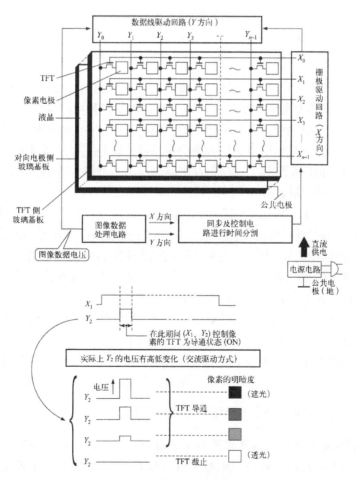

图 2-26 液晶显示板的驱动电路

2.2.6　液晶电视机的相关电路

高清晰液晶电视显示系统的构成如图2-27所示。图中的图像调整电路、时间轴扩展电路、极性反转电路和时序控制电路是液晶显示器的特有电路。高清晰度显示用液晶板需要具有屏幕大、精细度高的特点。

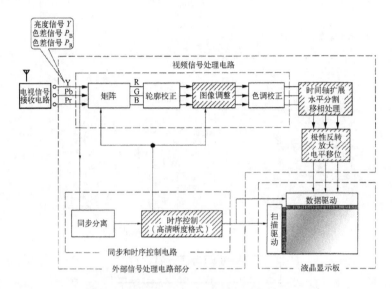

图2-27　高清晰液晶电视显示系统的构成

从图2-27中可见，来自解码电路或外部输入的亮度信号Y和两个色差信号Pb（B—Y）、Pr（R—Y）首先在视频调整电路中进行处理。视频调整电路是由矩阵电路、轮廓校正电路、图像调整电路和色调校正等部分构成的。经处理后，再经时间轴扩展和极性反转后送到数据驱动电路中，形成数据驱动电压去驱动液晶板，这是主要的信号处理电路。亮度信号经同步分离电路分离出同步信号，时序控制电路以此为基准形成液晶板的扫描驱动脉冲。液晶板的扫描驱动IC与液晶板制成一个组件。

从前面图2-27所示的信号处理电路可见，液晶显示器的电路主要由两大部分构成，其一是视频信号处理电路，其二是同步和时序控制电路。同步电路是将视频信号中的复合同步信号再分离成水平同步和垂直同步信号，用来产生对液晶板进行扫描所必需的各种控制信号。

视频信号是将天线接收的电视信号经调谐器、中频放大和视频检波形成图像信号，视频信号经视频和彩色解码电路输出亮度信号（Y）和色度信号（Pr、Pb）。这一部分电路是与普通彩色电视机的电路完全相同的，此处不再详述。亮度信号和色差信号送到液晶显示信号处理电路中，首先送入矩阵电路，变成三基色信号（R、G、B），然后经轮廓校正、亮度和对比度等调整、色调校正、时间轴扩展、极性反转放大、电平移位等电路处理，形成液晶板的驱动信号，其中色调校正和时间轴扩展电路是液晶显示器特有的电路。

2.2.7　数字高清晰液晶显示器的典型结构

图2-28是目前流行的数字高清晰液晶显示器的典型结构。它主要包括主电路板、逆变器电路板、电源供电电路板、液晶显示板组件（LCD显示板组件）等部分。前面加上电视信号的接收解码电路和伴音电路就构成了液晶电视机，还可用做计算机显示器。

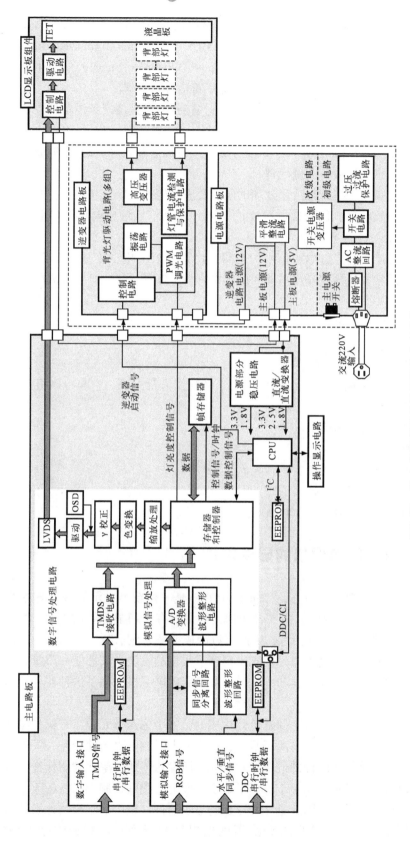

图2-28 数字高清晰液晶显示器的典型结构

图2-28中DDC（Display Data Channel）是显示数据的信道，DDC/CI是显示数据信道/指令接口（Command Interface）的切换电路，TMDS（Transition Minimized Differential Signaling）是跃变最小化启动信号，LVDS（Low Voltage Differential Signaling）是低压启动信号，OSD（On Screen Display）是屏上显示电路，即字符信号发生器。

主电路板具有多种信号接口电路，它可以直接接收来自其他视频设备的数字信号，也可以接收来自计算机显卡的VGA模拟视频图像信号（R、G、B），以及DIV的数字信号。每种信号都伴随同步信号。模拟R、G、B信号需要经模拟信号处理电路中的A/D变换器，变成数字视频信号，再进行数字图像处理。

不同格式的视频信号在进行数字处理的同时要进行格式变换，与显示格式相对应。经存储器和控制器、缩放电路、色变换伽马校正（γ）、驱动信号形成电路（LVDS），变成驱动液晶板的控制信号（X、Y轴驱动）。

逆变器电路是产生背光灯电源信号的电路，将直流12V电源变成约700V的交流信号，为背光灯供电，通常大屏幕液晶显示屏后面都设有多个灯管。每个灯管都需要一组交流电压供电电路。

电源电路是为整个液晶显示器供电的电路，它通常采用开关电源供电的方式。

2.2.8　LED液晶电视机

LED背光源液晶电视机采用了LED发光二极管作为背光源，它与冷阴极荧光管背光源相比有5大优点：

- 超广色域，色彩更鲜艳；
- 超薄外观；
- 节能环保，能耗比冷阴极荧光管光源低52%；
- 寿命更长，达10万小时；
- 清晰度更高，对比度可达100000:1。

2.3　等离子体电视机的显像原理

等离子体显示板（Plasma Display Panel，PDP）是一种新型显示器件，其主要特点是整体呈扁平状，厚度可以在10cm以内，轻而薄，重量只有普通显像管的1/2。由于它是自发光器件，亮度高、视角宽（达160°），因此可以制成纯平面显示器，无几何失真，不受电磁干扰，图像稳定，寿命长。这种器件近年来得到了很快的发展，其性能和质量有了很大的提高，很多高清晰度超薄电视显示器和壁挂式大屏幕彩色电视机采用了这种器件。目前等离子彩色电视机正在进入百姓家中。

等离子体显示板是由几百万个像素单元构成的，每个像素单元中涂有荧光层并充有惰性气体。在外加电压的作用下气体呈离子状态，并且放电，放电电子使荧光层发光，这些单元被称为放电单元，它是组成图像的最小像素单元。所有这些放电单元被制作在两块玻璃板之间，呈平面薄板状图像显示器。由于等离子显示器性能的提高，制作工艺的改善，并且能够发光，亮度高，显示效果好，因此是一种理想的显示器件。整个显示板的像素数越多，清晰度越高，图像越细腻，目前已步入高清晰度电视机的行列。等离子体电视机的结构如图2-29所示。

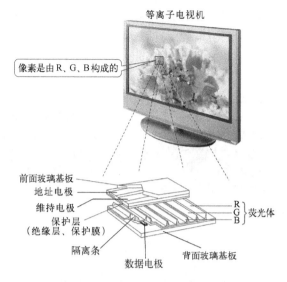

图 2-29　等离子体电视机的结构

2.3.1　等离子体显示板的结构和工作原理

图 2-30 是等离子体、荧光灯、显像管的比较图，荧光灯内充有微量的氩和水银蒸气。它在交流电场的作用下，发生水银放电并放射出紫外线，从而激发灯管上的荧光粉，使之发出白色或乳色的荧光。显像管是由电子枪发射电子，射到屏幕荧光体而发光。等离子体发光

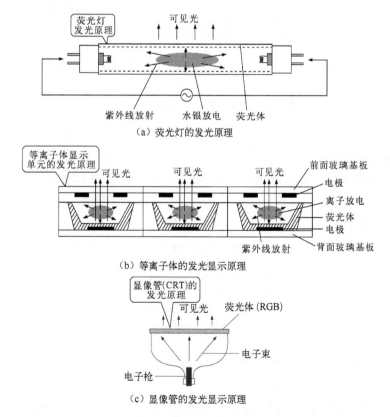

图 2-30　等离子体、荧光灯、显像管的比较

单元内也涂有荧光粉，每个像素单元内的气体在电场的作用下被电离放电、使荧光体发光。

等离子体显示单元的内部结构如图2-31所示，每一个显示单元都是在地址电极（又称扫描电极）、数据电极和维持电极的联合作用下放电发光的。

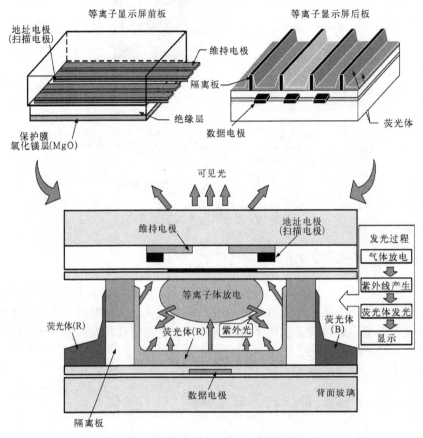

图2-31　等离子体显示单元的内部结构

等离子彩色显示单元是将一个像素单元分割为三个小的单元，每个小的显示单元的结构如图2-32所示，在相邻的三个单元内分别涂上R、G、B三色荧光粉，这样就构成了一个像素单元，每一组所发的光，从远处观看就是R、G、B三色光合成的效果。

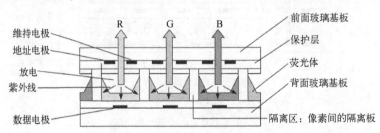

图2-32　彩色等离子显示单元的构成

等离子体显示单元的放电发光过程如图2-33所示，它有4个阶段。

（1）预备放电

给地址电极和维持电极之间加上电压，使单元内的气体开始电离形成放电的条件。

（2）开始放电

接着给数据电极与地址电极之间加上电压，通常为 65～75V，单元内的离子开始放电。

（3）放电发光与维持发光

去掉数据电极上的电压，给地址电极和维持电极之间加上交流电压，使单元内形成连续放电，从而可以维持发光。

（4）消去放电

去掉加到地址电极和维持电极之间的交流信号，在单元内变成弱的放电状态，等待下一个帧周期放电发光的激励信号。

正是这三个电极之间，按一定的时序关系给予驱动电压，才能使每个发光单元都能正常发光，整个屏幕有图像显示。

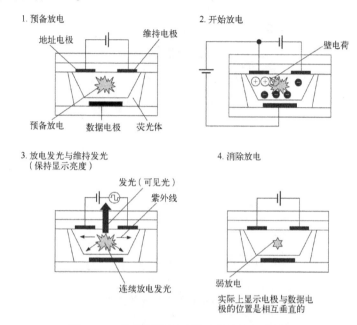

图 2-33　等离子体显示单元的放电发光过程

等离子体从发光的原理上来说有两种：一种是在电离形成等离子体时直接产生可见光，另一种是利用等离子体产生紫外光来激发荧光体发光。通常等离子体不是固态、液态和气态，而是一种含有离子和电子的混合物。

在显示单元中，加上高电压使电流流过气体而使其原子核的外层电子溢出。这些带负电的粒子便会飞向电极，途中和其他电子碰撞便会提高其能级。电子回复到正常的低能级时，多余的能量就会以光子的形式释放出来。

这些光子是否在可见的范围，要根据惰性气体的混合物及其压力而定，直接发光的显示器通常发出的是红色和橙色的可见光，只能做单色显示器。

等离子体显示板的像素实际上类似于微小的氖灯管，它的基本结构是在两片玻璃之间设有一排一排的点阵式的驱动电极，其间充满惰性气体。

像素单元位于水平和垂直电极的交叉点。要使某一像素单元发光，可在两个电极之间加上足以使气体电离的电压。颜色是单元内的磷化合物（荧光粉）发出的光产生的，通常等离子体发出的紫外光是不可见光，但涂在显示单元中的红、绿、蓝三种荧光粉受到紫外线轰击就会产生红、绿和蓝的颜色。改变三种颜色光的合成比例就可以得到任意的颜色，这样等离子体显示屏就可以显示彩色图像。利用氧化锰层进行保护可以使电极免受等离子体的腐蚀。

图2-34是各种控制电极和像素单元的位置关系示意图，它表明对不同颜色的选择和控制关系。地址电极的唯一目的是使单元做初始准备。像素总是由三个子像素显示单元组成。子像素分别含有红、绿和蓝色荧光体。地址电路使每个像素初始化。X和Y总线是相互垂直放置的，可以触发一行排列的像素单元。可以单独选择X总线线路，这是初始化过程所必需的。总线线路是从右到左、隔行安装的，这种方式的主要好处是，图像信息是作为一个整幅画面显示的，所以不会出现阴极射线管独有的闪烁现象。

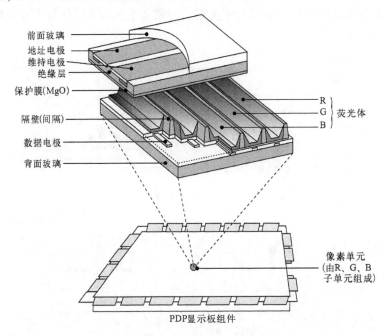

前面玻璃
地址电极
维持电极
绝缘层
保护膜(MgO)
隔壁(间隔)
数据电极
背面玻璃

R
G 荧光体
B

像素单元
(由R、G、B
子单元组成)

PDP显示板组件

图2-34　各种控制电极和像素单元的位置关系示意图

等离子体显示板中的每个单元至少含有两个电极和几种惰性气体（氖、氩和/或氙）的混合物。在电极加上几百伏电压之后，由于电极间放电后轰击电离的结果，惰性气体将处于等离子状态。这种结果是电子和离子的混合物，它根据带电的正负，流向一个相对应的电极。

在像素单元中产生的电子撞击可以提高仍然留在离子中的电子的能级。经过一段时间之后，这些电子将会回复到它们正常的能级，并且把吸收的能量以光的形式发射出来。发出的光是在可见光的波长范围，还是在紫外线的波长范围和惰性气体混合物及气体的压力有关。彩色等离子体显示板多使用紫外线。

电离可由直流电压激励产生，也可以由交流电压激励产生。直流电显示器的电嵌入等离子体单元，采用直接触发等离子体的方式。这样只要产生简单类型的信号，并可减少电子装置的成本。另一方面，这种方式需要高压驱动，由于电极直接暴露在等离子体中，寿命较短。

如果用氧化镁涂层保护电极，并且装入电介质媒体，那么与气体的耦合是电容性的，所以需要交流电驱动。这时，电极不再暴露在等离子体中，于是就有较长的工作寿命。这样做的缺点是产生信号触发电压的电路比较复杂。不过这种技术还有一个好处，即可以利用它来提高触发电压，从而降低了外部输入触发电压。利用这种方法可以把触发电压降至大约

180V，而直流电显示器却是360V，于是简化了半导体驱动电路。降低触发电压也有利于半导体驱动电路的简化。

2.3.2　等离子体显示板的驱动电路

等离子体显示板是由水平和垂直交叉的阵列驱动电极组成的，与显像管的显示方法不同，它可以按像点的顺序驱动发光，也可以按线（相当于行）的顺序驱动显示，还可以按整个画面的顺序显示，如图2-35所示。而显像管由于有一组有R、G、B组成的电子枪，它只能采用一行一行的扫描方式驱动显示。

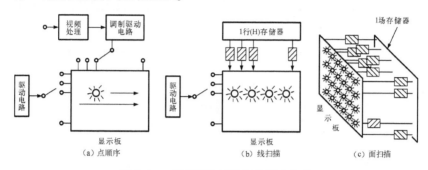

图2-35　等离子体显示板的驱动方式

图2-35（a）是点顺序驱动方式，即水平驱动和垂直驱动信号经开关顺次接通各电极的引线，水平和垂直电极的交叉点就形成对等离子体显示单元的控制电压，使水平驱动开关和垂直驱动开关顺次变化就可以形成对整个画面的扫描。每个点在一场周期中的显示时间约为0.1μs，因此，必须有很高的放射强度，才能有足够的亮度。

图2-35（b）是线扫描驱动方式，垂直扫描方式与上述相同，水平扫描是由排列在水平方向的一排驱动电路通过信号线同时驱动的，一次将驱动信号送到水平方向的一排像点上。视频信号经处理后送到1Hz存储器上存储一个电视行的信号，这样配合垂直方向的驱动扫描一次就可以显示一行图像。一场中一行的显示时间等于电视信号的行扫描周期。

图2-35（c）是面驱动方式，视频信号经处理后送到存储器形成整个画面的驱动信号，一次将驱动信号送到显示板上所有的像素单元上，它所需要的电路比较复杂。但由于每个像素单元的发光时间长，一场中的显示时间等于一个场周期（25ms），因而亮度也非常高，特别适合室外的大型显示屏。

图2-36是高清晰度等离子体大屏幕彩色电视显示系统的电路方框图，显示屏的扫描行数为1035。每行的像素达1920，可实现高清晰的图像显示。视频信号经解码处理后将亮度信号Y和色差信号Pb、Pr或是用R、G、B信号送到等离子体显示器的信号处理电路中，首先进行A/D变换和串并变换（S/P变换），然后进行扫描方式的变换，将隔行扫描的信号变成逐行扫描的信号，再进行γ校正。校正后的信号存入帧存储器中，然后一帧一帧地输出，送到显示驱动电路中。

来自视频信号处理电路的复合同步信号，送到信号处理电路的时序信号发生器，以此作为同步基准信号，为信号处理电路和扫描信号产生电路提供同步信号。

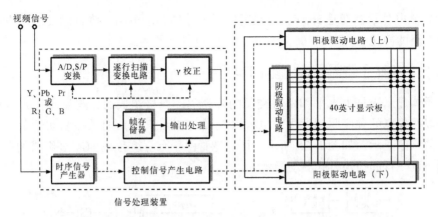

图 2-36　高清晰度等离子体大屏幕彩色电视机显示系统的电路方框图

一、判断题

1. 显像管（CRT）式的电视机都必须设置图像失真校正电路。（　　　）

2. 亮度高、视角宽是 CRT 电视机的优点。（　　　）

3. 液晶板是不发光的图像显示板。（　　　）

4. 液晶和等离子体电视机就是高清晰度电视机。（　　　）

5. 液晶材料具有晶体和液体的双重性。（　　　）

6. 液晶显示板主要利用它的可控的透光性。（　　　）

7. 液晶显示板是由很多个小的液晶单元构成的。（　　　）

8. 液晶显示板的机械强度比显像管高。（　　　）

9. 液晶板上无彩色滤光板便不能显示彩色图像。（　　　）

二、选择题

1. 液晶电视机优于 CRT 电视机的方面是（　　　）。

A. 亮度高　　　　　　　　　　　　B. 机械强度高

C. 接收的频道多　　　　　　　　　D. 体积小重量轻

2. 等离子电视机与液晶电视机的区别是（　　　）。

A. 等离子体显示单元是自发光器件　　B. 高频视频信号的接口电路

C. 射频和中频信号处理电路　　　　　D. 伴音信号处理电路

3. 液晶板的图像是由（　　　）驱动的。

A. 图像数据信号　　　　　　　　　B. 栅极扫描信号

C. 时钟信号　　　　　　　　　　　D. 振荡信号

4. 液晶电视和显示器两用机必须具备（　　　）。

A. 耳机接口　　　　　　　　　　　B. 天线输入接口

C. 复合视频和音频信号接口　　　　　D. VGA 接口

5. 液晶单元中的薄膜场效应晶体管起（　　　）。

A. 放大作用　　　　　　　　　　　B. 开关作用

C. 振荡作用　　　　　　　　　　　D. A/D 转换功能

6. 液晶显示单元的透光性主要（　　）。

A. 受外加电场的控制　　　　　　　B. 受外加磁场的控制

C. 受外加温度的控制　　　　　　　D. 受外加激光的控制

7. 液晶电视机中的存储器所存的信号有（　　）。

A. 数字图像信号　　　　　　　　　B. 模拟音频信号

C. 数据信号　　　　　　　　　　　D. 直流电压

第3章 液晶电视机的整机结构 和信号处理过程

3.1 液晶电视机的整机结构

液晶电视机是一种采用液晶显示器件的平板电视机。从整机结构来说液晶电视机是由电视信号接收电路、视频解码电路、数字图像信号处理电路、显示驱动电路、音频信号处理电路、逆变器电路、电源供电电路等部分构成的。

3.1.1 典型液晶电视机的整机构成

图3-1所示为长虹LT3788（LS10机芯）型液晶电视机的整机结构示意图。由图可知，该电视机主要是由调谐器电路、数字信号处理电路、逆变器电路、开关电源电路、液晶屏驱动电路等构成的。

1. 调谐器和中频电路

图3-1中，安装于数字板左侧的一块为调谐器电路板，该电路板承载了电视机的调谐器和中频电路，用于接收外部天线信号、有线电视信号，并进行高放和混频等处理，调谐器将射频信号变成中频信号。中频信号再经视频检波和伴音解调，输出视频图像信号和第二伴音中频信号，第二中频再经鉴频后输出音频信号。

目前，市场上流行的液晶电视机的调谐器主要有两种形式：一种为调谐器和中频电路各自独立；另一种为一体化调谐器，即将调谐器和中频电路集成到一起。这两种电路虽然结构形式有所不同，但其工作原理和功能基本上是相同的。

2. 数字信号处理电路

数字信号处理电路是液晶电视机的核心电路部分，该电路主要有如下功能。

- 完成电视机信号的接收，进行视频解码和伴音解调。
- 具有多个输入信号接口，可接收外部音频、视频设备的AV信号、S-视频信号、计算机VGA接口送来的音视频信号和YPbPr分量视频信号等。
- 对信号进行切换控制。
- 进行数字图像处理。
- 输出音频和视频信号，并驱动扬声器和液晶屏工作。

3. 逆变器电路

逆变器电路是液晶电视机特有电路之一。它是将直流12V或24V变成交流高压信号，为液晶屏背部背光灯管供电。

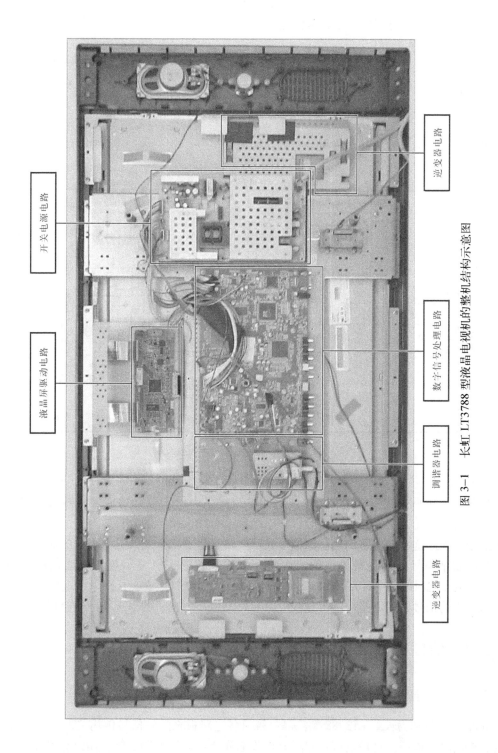

逆变器电路

开关电源电路

液晶屏驱动电路

数字信号处理电路

调谐器电路

逆变器电路

图3-1 长虹 LT3788 型液晶电视机的整机结构示意图

4. 开关电源电路

开关电源电路是整机工作的动力源，它是将交流 220V 变成 +12V、+24V、+5V 等多路直流电压，为液晶电视机各电路板供电。

5. 液晶板组件

液晶显示屏及其驱动电路构成了电视机的显示组件，接收来自数字信号处理电路送来的图像数据信号，并将图像数据信号和同步信号分配给液晶屏的驱动端，使液晶屏显示图像。

3.1.2 液晶电视机的电路功能

图 3-2 所示为典型液晶电视机的电路功能框图。

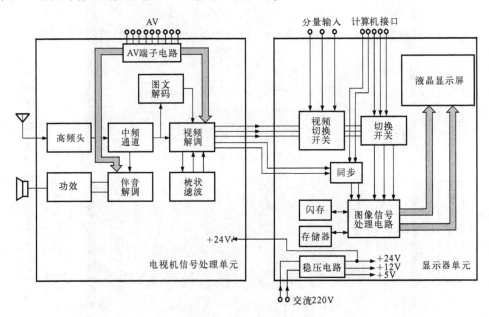

图 3-2　典型液晶电视机的电路功能框图

从图 3-2 可见，从实现功能上来说液晶电视机是由两个部分构成的。接天线的部分是电视信号处理单元，这部分主要适应目前电视台或有线台播出的节目，由于大部分节目源是模拟信号，因而这部分电路仍是模拟信号处理电路。另一部分是液晶电视机的显示单元，它主要是由数字信号处理电路构成的。这部分完成液晶电视机显示板的驱动显示任务。从图 3-2可见，这两部分中各自又包含了许多电路单元，也就是说，这些单元电路都是以集成电路为核心的信号处理电路。了解这些电路对熟悉液晶电视机的原理和维修会很有帮助。

3.2　液晶电视机的信号处理过程

3.2.1　液晶电视机各电路之间的关联和信号处理过程

如图 3-3 所示为长虹 LT3788 型液晶电视机各电路板之间的信号传输关系，图 3-4 所示为其整机电路方框图。这种电视机除具有接收电视节目的调谐器之外，还设有多种接口以便于与计算机显卡、DVD 机、录像机、摄像机等外部音、视频设备相连。

由图 3-3 可知，该电视机的信号传输大致可分为四路：音频信号通道、视频信号处理通道、控制系统信号处理和供电电路。

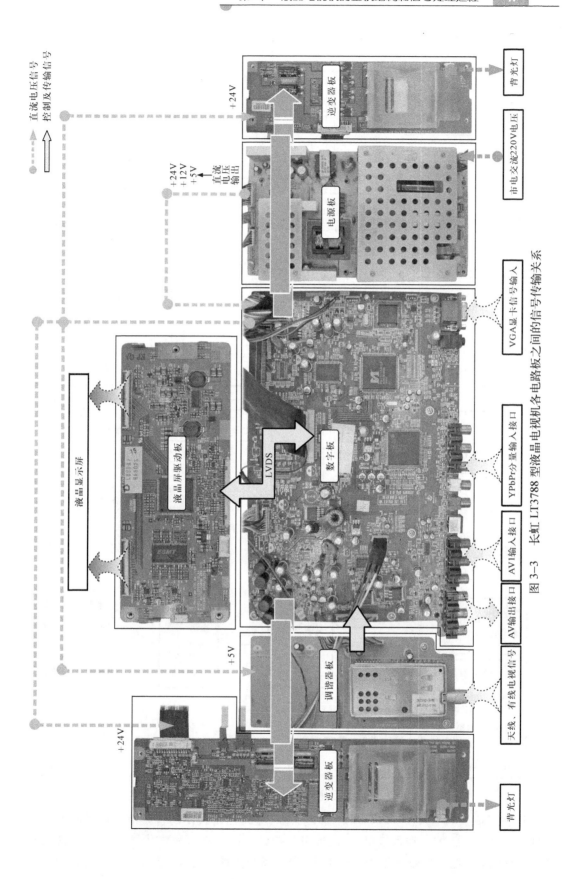

图3-3 长虹 LT3788 型液晶电视机各电路板之间的信号传输关系

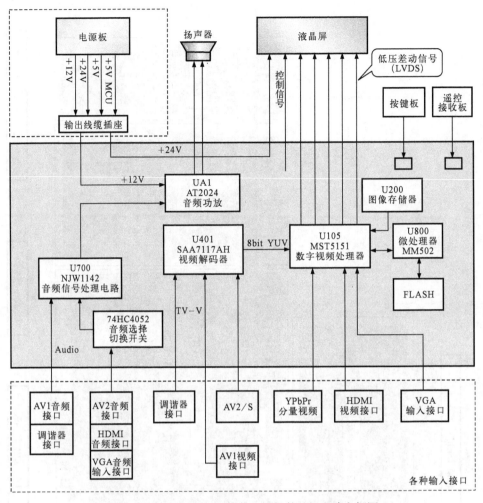

图 3-4　长虹 LT3788 型液晶电视机的整机电路方框图

1. 音频信号的处理过程

如图 3-5 所示为音频信号处理的基本流程。

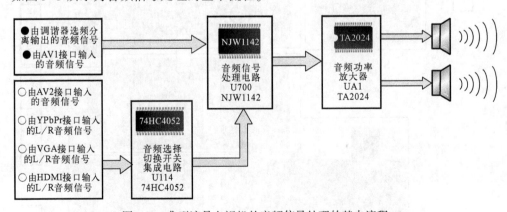

图 3-5　典型液晶电视机的音频信号处理的基本流程

　　其中，来自 AV1 输入接口和调谐器中频组件处理后解调出的音频信号直接送入音频信号处理电路；来自 AV2 输入接口、YPbPr 分量接口、VGA 接口和数字（HDMI）音视频输入接口的音频信号经音频切换选择开关电路进行切换和选择后送入音频信号处理电路中。

各种接口送来的音频信号经音频信号处理电路 NJW1142 进行音调、平衡、音质、静音和 AGC 等处理后，送入音频功率放大器中进行放大，最后输出伴音信号并驱动扬声器发声。

2. 视频信号的处理过程

视频信号的处理过程比音频信号处理的过程复杂得多，而且视频信号处理电路的结构也有所不同。该过程采用集成芯片对视频进行解码、A/D 变换和数字处理，如图 3-6 所示。

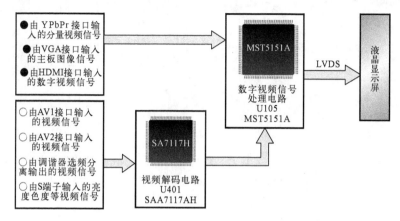

图 3-6　典型液晶电视机的视频信号处理流程

由 YPbPr 分量接口、VGA 接口和数字（HDMI）音视频接口送来的视频信号直接送入数字视频处理器中进行处理，由 AV1、AV2、S 端子和调谐器等接口送来的视频信号则先经视频解码电路（SAA7117AH）进行解码处理后再送入数字视频处理器中。

上述各种接口送来的视频信号经切换后都由数字视频处理器（MST5151A）处理后输出 LVDS 信号，经屏线驱动液晶屏显示图像。

3. 控制系统信号处理流程

系统控制微处理器是整机的控制中心，该电路为液晶电视机中的各种集成电路（IC）提供 I²C 总线数据和时钟信号、控制信号的内容包含在总线数据信号之中。若微处理器不正常，可能会引起电视机出现控制失常、图像花屏、自动关机、图像异常、伴音有杂音、遥控不灵等故障。

4. 供电电路

液晶电视机多采用内置开关电源组件。开关电源电路将交流 220V 市电经整流滤波、开关振荡、变压器变压、稳压等处理后输出多组电压，为整机提供能量。

3.2.2　数字信号处理电路板的基本结构和信号流程

数字信号处理电路是液晶彩色电视机中的关键电路部分，由各个端口输入的音视频信号都由该电路进行相关处理后输出一定格式的信号，用于驱动液晶显示屏和扬声器，并由这些器件输出人们所能够欣赏的图像和声音信号。

数字信号处理电路是液晶彩色电视机信号处理的核心部分，该电路包含了系统控制电路、模拟处理电路和数字处理电路部分。不同品牌和机型的液晶电视机的数字信号处理电路的结构有所不同，但其工作原理基本都是相同或相似的，下面以典型样机——长虹 LT3788 型液晶平板电视机为例介绍该电路部分的基本结构及电路功能。

如图 3-7 所示为长虹 LT3788 型（LS10 机芯）液晶电视机的数字信号处理电路，该电

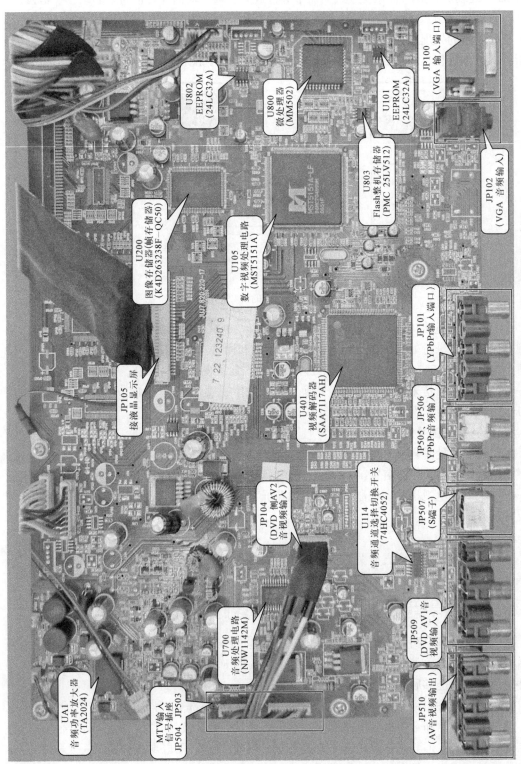

图 3-7　长虹 LT3788 型（LS10 机芯）液晶电视机数字信号处理电路

路主要是由音频信号处理通道、视频信号处理通道、微处理器 U800（MM502）和各种接口构成的。其中，音频信号处理通道主要是由 U114（74LVX4052）音频通道选择切换开关、U700（NJW1142M）音频处理电路、UA1（TA2024）音频放大器等构成的，视频信号处理通道则是由 U105（MST5151A）数字视频处理电路、U200（K4D263238F - QC50）帧缓存器、U401（SAA7117AH）视频解码器等构成的。

图 3-7 中电路板的边缘部分为该电路板的各种接口，这些接口是液晶电视机与外界进行信号传输的重要通道。

图 3-7 中从电路板接口的排列开始依次为 JP510（AV 音视频输出），JP509（DVD AV 音视频输入），JP507（S 端子输入），JP505、JP506（YPbPr 音频输入），JP101（YPbPr 输入端口），JP102（VGA 音频输入），JP100（VGA 输入端口）等。另外，在长虹 LS10 机芯系列液晶电视机中，有些还包含了 HDMI 数字信号输入端口，通常安装在 JP101 和 JP103 之间。

此外，电视信号由调谐器电路处理后也通过线缆送往数字信号处理电路板，这样综合上述各种接口端子，即为该类型液晶电视机的所有接口。

在数字信号处理电路中按处理信号的不同大致可以分为四个部分，即音频信号处理电路部分、视频信号处理电路部分、系统控制电路部分和接口部分，如图 3-8 所示。

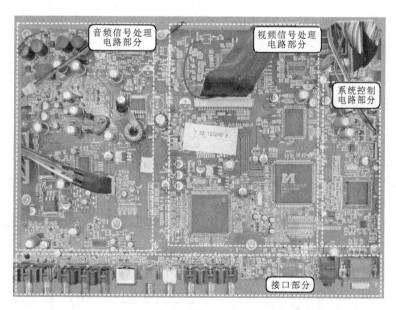

图 3-8 长虹 LT3788 液晶电视机数字信号处理电路的结构

各种音视频信号经由电路中的音视频信号处理电路处理后进行输出，如图 3-9 所示。
图 3-9 中所示的几路信号处理过程如下。

- 复合视频信号输入通道：由调谐器电路输出的复合视频信号（TV - V）及 AV/S 端子输入的 DVD 视频信号，送入数字信号处理电路后首先经 U401（SAA7117AH）视频解码器进行视频解码后输出 YUV 数字分量视频信号，再通过 U105（MST5151A）数字视频处理电路进行格式变换等处理后产生 LVDS 信号，再由插件 JP105 送入液晶屏进行显示。
- 分量视频信号输入通道：经 VGA、HDTV（YPbPr）及 HDMI（未用）端子输入的视频信号则直接进入 U105（MST5151A）中进行处理、格式变换后经插件 JP105 驱动液晶屏显示图像。

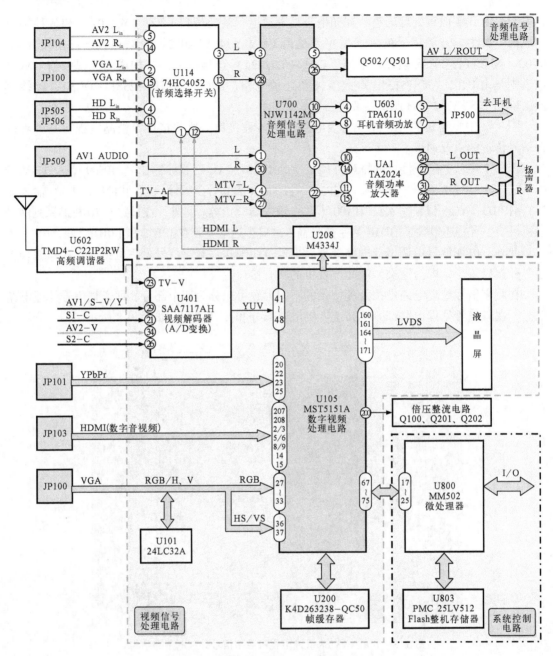

图3-9　各种音视频信号处理过程示意图

- 音频信号通道1：由调谐器电路解调输出的音频信号及 AV1 端子输送的 DVD 音频信号直接送到 U700（NJW1142M）音频处理电路进行处理，接着再经 UA1（TA2024）音频放大器后输出音频信号驱动扬声器发声。
- 音频信号通道2：由其他端子输入的音频信号则经 U114（74HC4052）音频通道切换开关切换后送到 U700（NJW1142M）音频处理电路进行处理，接着再经 UA1（TA2024）音频放大器后输出音频信号驱动扬声器发声。

习 题 3

简答题

1. 典型液晶电视机是由哪些部分组成的？

2. 液晶电视机的各种电路所处理的信号主要有哪几种？

3. 液晶电视机主要有哪些接口？

第4章 电视信号接收电路的结构和检修方法

市场上流行的液晶和等离子电视机中的电视信号接收电路多数是接收模拟电视信号的电路，即调谐器和中频电路，目前在大中城市中所收看的电视节目大多为数字电视节目，而且采用数字有线电视系统传送这种节目。在这种系统中接收数字有线电视信号的电路是数字有线机顶盒，机顶盒从数字电视信号中解出视频图像信号和伴音音频信号再送给液晶或等离子电视机播放电视节目，也可以说接收数字电视节目的调谐器和调谐电路安装在机顶盒中。机顶盒还可以直接输出高清数字信号给电视机。

4.1 调谐器和中频电路的原理和检修

调谐器和中频电路属于电视机的电视节目接收电路。电视天线及有线等电视信号等都是通过天线输入视频图像信号和伴音信号，该电路不正常会影响电视机正常接收电视节目，导致电视图像、声音不正常，无法正常收看电视节目。

4.1.1 调谐器和中频电路的基本结构和工作原理

调谐器和中频电路是处理射频信号的电路，其功能是取出视频图像信号和伴音音频信号。目前，市场上流行的液晶电视机中，调谐器和中频电路的结构形式主要有两种：一种是调谐器和中频电路分别为单独的两个电路单元，另一种是调谐器和中频电路集成在一起的一体化调谐器。

1. 调谐器和中频电路的基本结构和工作原理

如图4-1所示为康佳LC - TM2018液晶电视机的调谐器和中频电路实物外形，电视天线

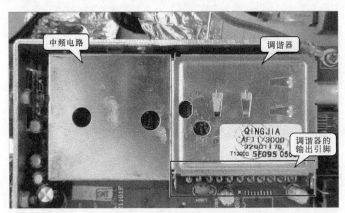

图4-1　康佳LC - TM2018液晶电视机的调谐器和中频电路实物外形

信号及有线电视信号经调谐器处理后输出中频信号至中频电路中，图中这两个电路为独立的两个电路单元。

（1）调谐器电路的基本结构

调谐器也称高频头，它的主要功能是将天线信号及电缆送来的有线电视信号中调谐选择出欲接收的电视信号，进行调谐放大后与本机振荡信号混频处理后输出中频信号（IF）至中频电路中，由于该电路部分所处理的信号频率很高，为防止外界干扰，通常将它封装在屏蔽良好的金属盒子里，由引脚与外电路连接，如图4-2所示。

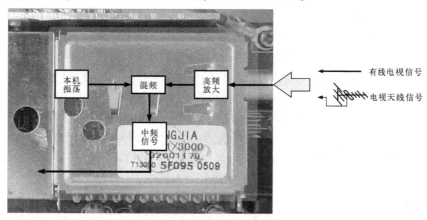

图4-2　调谐器电路的基本功能

该调谐器的具体电路如图4-3所示。

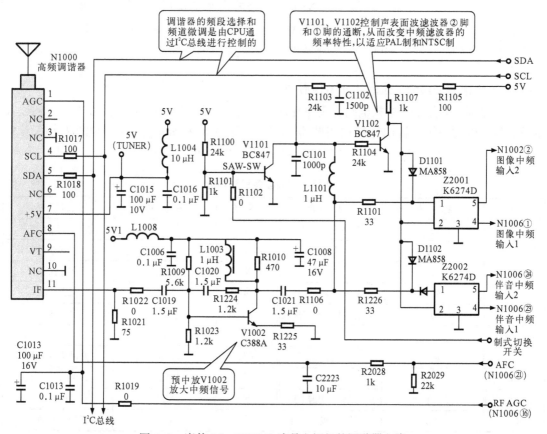

图4-3　康佳LC-TM2018液晶电视机的调谐器电路

　　N1000 是一种由 I²C 总线控制的全频道调谐器，它具有 11 个引脚。①脚为 AGC 端，中频电路输出的 RF AGC 信号加到此脚，用以控制高频放大器的增益。④、⑤脚分别是 I²C 总线控制信号的接口，④脚为串行时钟信号的输入端，⑤脚为串行数据信号的连接端。⑦脚为 +5V 供电端。⑧脚为 AFC 信号的输入端，AFC 来自中频电路。⑪脚为中频信号的输出端。

　　天线接收的电视信号经调谐器放大和变频后由⑪脚输出中频信号，并将该信号送入中频电路中。在中频电路中先经预中放 V1002，声表面波滤波器 Z2001、Z2002 后分离出图像中频和伴音中频后送到中频集成电路进行处理。

　　（2）中频电路的基本结构

　　图 4-4 是康佳 LC - TM2018 液晶电视机的中频电路。该电路是放大中频信号、完成视频检波和伴音解调的电路单元。图 4-5 是中频集成电路 TDA9885T 的内部功能框图。

　　图 4-4 中，来自调谐器的中频信号（IF）经预中放电路（V1002）放大后分别送到两个声表面波滤波器的输入端，Z2001 是提取图像中频的声表面波滤波器（PAL 制的中频信号为 38MHz），Z2002 是提取伴音中频的声表面波滤波器（PALD/K 制的伴音中频为 31.5MHz）。由于接收不同制式电视信号要求的声表面波滤波器的频率特性不同，V1101、V1102 为 SAW 的频率特性切换电路，切换控制信号由 N1006 的㉒脚送到 V1101 的基极，经 V1102 反相后分别控制两个 SAW（声表面波滤波器）的②脚。

　　中频信号经 SAW 分离后将图像中频送到中频集成电路 N1006 的①脚、②脚，伴音中频送到㉓脚、㉔脚，这两个信号分别在 N1006 中进行放大和解调处理。图像信号经视频检波后由⑰脚输出视频图像信号（CVBS），再经 V2003 放大后作为本机接收的视频图像信号（TV - CVBS）。伴音中频信号在 N1006 中经放大和解调后由⑫脚输出第二伴音中频信号。当接收数字伴音节目时，⑫脚输出数字伴音载波信号。N1006 的工作受微处理器 I²C 总线信号的控制。此外，N1006 的㉑脚输出 AFC 信号，⑭脚输出 TAGC 信号，分别送到调谐器中。

　　2. 一体化调谐器的基本结构和工作原理

　　一体化调谐器是指将中频电路也制作在调谐器的金属屏蔽盒内，信号的高放、混频以及中放、视频检波、伴音解调等都在调谐器内完成。如图 4-6 所示为长虹 LT3788（LS10 机芯）液晶电视机中的一体化调谐器实物外形及内部结构。表 4-1 所列为调谐器各引脚功能。

表 4-1　调谐器各引脚功能

引脚号	名　称	引脚功能	引脚号	名　称	引脚功能
①	AGC	自动增益控制	⑪	IF	输出中频 TV 信号
②	NC	未接	⑫	IF	输出中频 TV 信号
③	ADD	地	⑬	SW0	伴音控制
④	SCL	I²C 总线时钟信号输入	⑭	SW1	伴音控制
⑤	SDA	I²C 总线数据信号输入	⑮	NC	未接
⑥	NC	未接	⑯	SIF	第二伴音中频输出
⑦	+5V	电源	⑰	AGC	自动增益控制
⑧	AFT	未接	⑱	VIDEO	CVBS 信号输出
⑨	32V	0～32V 的调谐电压	⑲	+5V	电源
⑩	NC	未接	⑳	AUDIO	音频信号输出

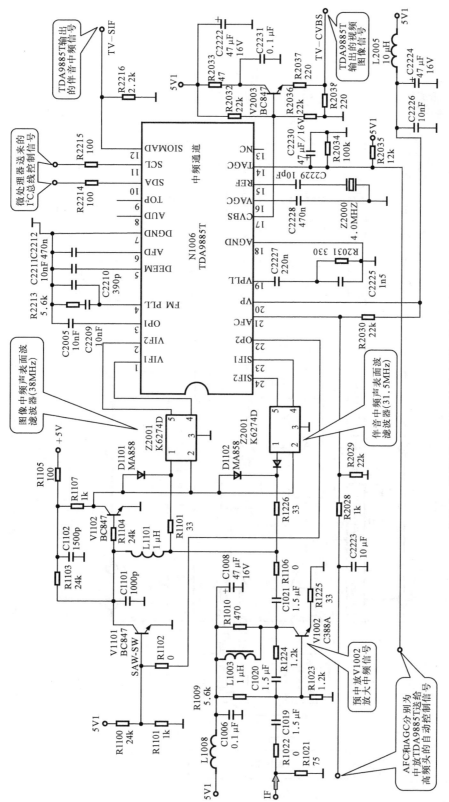

图4-4 康佳LC-TM2018液晶电视机的中频电路

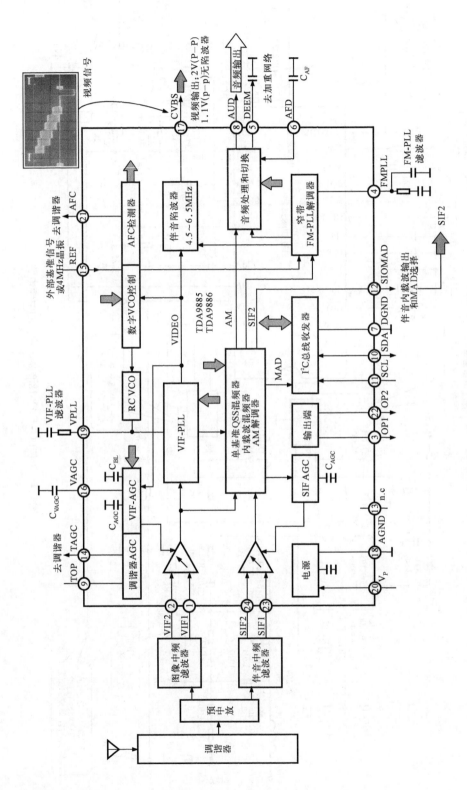

图4-5　中频集成电路TDA9985T的内部功能框图

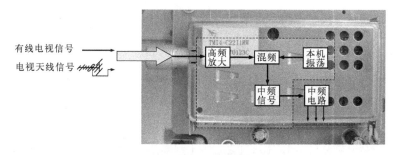

图 4-6 长虹 LT3788 液晶电视机中一体化调谐器的实物外形和内部结构

一体化调谐器的元器件都封装在屏蔽良好的金属壳中，壳内的元器件工艺要求都很高，发生故障时通常都是整体更换。图 4-7 所示为长虹 LT3788 型液晶电视机的调谐电路原理图。

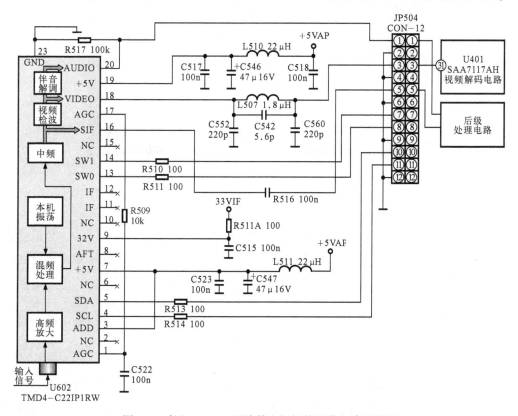

图 4-7 长虹 LT3788 型液晶电视机的调谐电路原理图

由图 4-7 可以看出，天线接收的高频电视机信号和有线、数字信号输入调谐器电路板上的 U602（TMD4 - C22IP1RW）中，该调谐器集成了调谐和中频两个电路功能，送来的信号经其内部高频放大、调谐、变频等处理后，从 U602 的⑱脚输出复合视频信号（CVBS 信号）经 TV 板插口 JP504 的③脚送到 SAA7117AH 的㉛脚进行视频处理；U602 的⑯脚输出第二伴音中频信号，⑳脚输出音频信号经 JP504 的⑤脚、①脚送至后级电路。

4.1.2 调谐器和中频电路的故障检修方法

调谐器和中频电路有故障通常会引起伴音和图像均不正常。判断电视机调谐器和中频电路是否正常，可用 DVD 机等作为信号源从 AV 端子注入 AV 信号（音视频信号），观看由

DVD 机播放的节目，如果图像声音都正常，而用本机接收电视天线或有线的节目无图、无声，则表明调谐器或中频电路有故障。

1. 调谐器和中频电路故障检修方法

对于独立的调谐器和中频电路有故障时，可分别从调谐器和中频电路两个方面进行检修，具体的检修流程如图 4-8 所示。

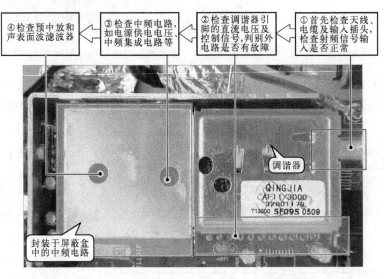

图 4-8　调谐器和中频电路的故障检修流程

（1）检查调谐器及接收端子

检查天线、电缆、输入插头等插接是否良好，首先确认射频信号输入正常，然后检查调谐器各引脚的直流电压及由微处理器送来的控制信号是否正常，判别故障是否由外电路引起。如果外部均正常，而调谐器输出的中频信号不正常，则应更换调谐器。

（2）检查中频电路

由调谐器输出的中频信号（IF）送入中频电路进行处理后输出第二伴音中频信号、视频信号和音频信号，因此若中频电路有故障往往会引起伴音和图像均不正常。可重点检查以下两个方面。

- 查电源供电电压。中频电路中的集成电路和晶体管放大器需要一定的工作电压才能正常工作，用万用表检测电源供电端或检查晶体管集成电路的供电端即可判别供电是否正常。
- 查中频集成电路。中频集成电路是进行视频检波和伴音解调的集成电路，判别该集成电路是否正常可检测其相关输出引脚的输出信号，正常工作时应有音频信号、视频信号和第二伴音中频信号输出。

（3）检查预中放和声表面波滤波器

来自调谐器的中频信号（IF）先经预中放放大后，再由图像中频声表面波滤波器和伴音中频声表面波滤波器滤波后，分别将图像中频和伴音中频送入中频集成电路中。

2. 一体化调谐器的故障检修方法

一体化调谐器损坏往往会引起伴音和图像均不正常。怀疑调谐器有故障时，应先检查整机控制功能是否正常、遥控开/关机是否正常、功能切换是否正常、菜单能否正常调整等。

具体检修流程如图4-9所示（以长虹LT3788型液晶电视机为例）。

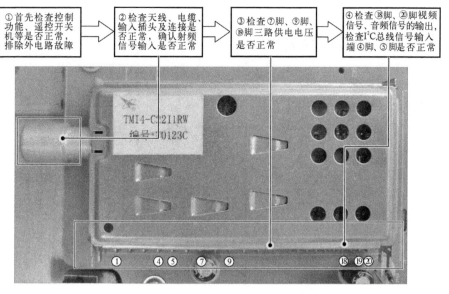

图4-9　一体化调谐器的故障检修流程

（1）排除外电路故障

检查电视机的控制等功能是否正常，排除由于外电路引起电视机不正常的情况。

（2）检查接收端子

检查一体化调谐器天线、电缆、输入插头及连接是否正常。

（3）检查供电电压

长虹LT3788型液晶电视机的一体化调谐器中，⑦脚、⑨脚、⑲脚脚分别为＋5V、＋32V、＋5V电源供电端（不同机型供电引脚序号不相同），可用万用表检测电源供电电压是否正常，排除外电路故障。

（4）检查关键输入、输出信号

该机型电视机⑱脚为视频信号输出端，⑳脚为音频信号输出端，④脚、⑤脚分别为 I^2C 总线时钟和数据输入信号端，用示波器检测这些引脚的信号波形，即可判断这些信号是否出现异常，①脚和⑰脚为调谐器的 AGC（自动增益控制）信号端，该信号也是维修中检测的重点信号。

4.2　数字有线电视接收机顶盒的整机结构和工作原理

有线电视数字机顶盒的基本功能是接收有线电视系统传输的数字电视广播节目，有些机顶盒还可以接收各种传输介质来的数字电视和各种数据信息，通过解调、解复用、解码和音视频编码（或者通过相应的数据解码模块），在模拟电视机上观看数字电视节目和各种数据信息。

数字有线电视机顶盒与数字卫星机顶盒的不同之处是输入射频信号的频段不同，数字解码的方式不同。与地面数字电视广播接收机顶盒的区别主要是数字解码方式不同。

4.2.1 典型数字有线机顶盒的整机结构

如图 4-10 所示为北京 TC2132C2 型数字有线机顶盒的整机结构，它主要由主电路板、操作显示面板、电源电路板等构成。

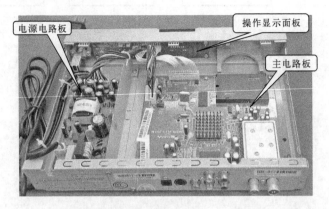

图 4-10 数字有线机顶盒的整机结构（北京 TC2132C2）

1. 主电路板

主电路板是数字有线电视接收机顶盒的核心部位，如图 4-11 所示，数字信号处理电路、一体化调谐器、A/V 解码芯片、数据存储器、IC 卡座以及视频输出接口等核心器件都集成在主电路板上。

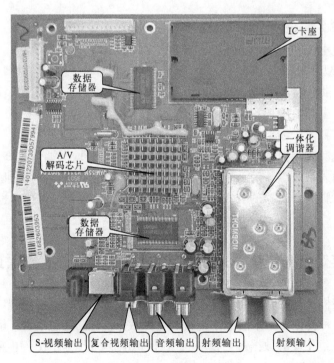

图 4-11 主电路板

2. 操作显示面板

如图 4-12 所示为操作显示面板，它主要由数码显示器、操作显示接口电路、按键以及遥控接收电路等组成，主要功能是为机顶盒输入人工操作指令、显示机顶盒的工作状态以及接收遥控器指令。

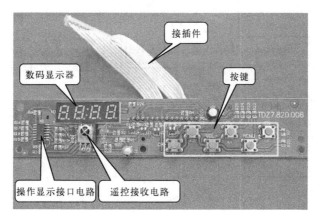

图4-12　机顶盒的操作显示面板

3. 电源电路板

电源电路板主要的作用是为整机提供工作电压和电流，它主要由交流输入电路（滤波电容、互感线圈）、整流滤波电路（桥式整流、+300V 滤波电容）、开关振荡电路（开关振荡集成电路、开关变压器）、次级输出电路和稳压控制（光耦等）等部分构成，如图4-13所示。

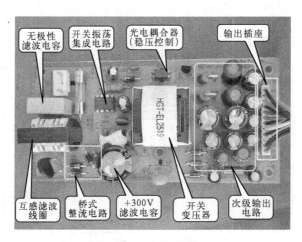

图4-13　电源电路板

4.2.2　同洲 CDVB2200 型数字有线机顶盒的结构和工作原理

如图4-14所示为同洲 CDVB2200 型数字有线电视接收机顶盒的组成方框图。它由一体化调谐解调器 CD1316、解复用器和解码器 MB87L2250、智能卡及读卡电路、操作显示面板、开关稳压电源电路等组成。

1. 一体化调谐器

同洲 CDVB2200 型数字有线电视接收机顶盒中的一体化调谐器 CD1316 为 Philips 公司生产的，其内部方框图如图4-15所示。它分别由调谐器和解调器组成。

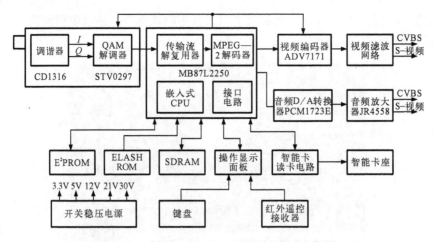

图 4-14　同洲 CDVB2200 型机顶盒组成方框图

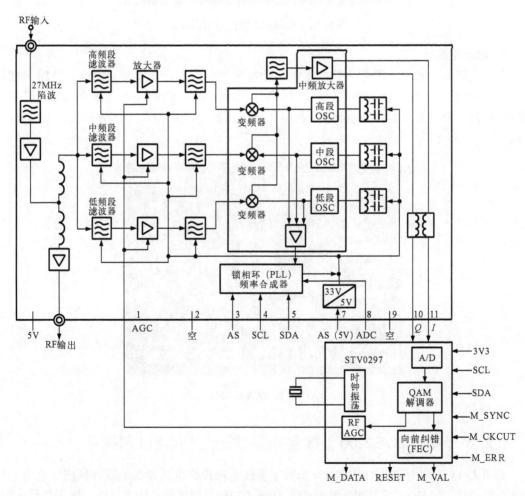

图 4-15　一体化调谐器 CD1316 内部方框图

调谐器由高频段、中频段（MID）、低频段（LOW）三路带通滤波器、前置放大器、变频器以及锁相环（PLL）频率合成器电路、中频放大器等组成。其结构类似于彩电高频头。CD1316 接收频率范围为 51～858MHz，其调谐电压由内部的 DC－DC 变换器提供，频率选择与频道转换由 I^2C 总线控制内部带有数字可编程锁相环调谐系统组成。调谐接收有线电视数字前端的 RF 信号，经滤波、低噪声前置放大、变频后转换成两路相位相差 90° 的 I、Q 信号，送入 QAM 解调器解调。

有线电视系统在传输数字电视节目过程中，为了防止在传输过程中信号丢失、损耗和外界干扰，保证信号质量，需要采取数字纠错处理，其具体方式是 QAM（正交幅度调制）调制方式和纠错编码处理，因而在接收机中要进行相应的解调和解码处理。

QAM 解调器采用 ST 公司生产的 STV0297 解调芯片，其内部功能框图如图 4-16 所示。它内部由两个 A/D 变换器、QAM 解调器、具有维特比（Viterbi）解码器和里德－索罗门（Reed－Solomon）解码器的前向纠错（FEC）单元、奈奎斯特数字滤波器和允许宽范围偏移跟踪的去旋转器以及自动增益控制（AGC）等电路组成。来自 QAM 解调器的 I、Q 信号首先由双 A/D 变换器转换成两路 6bit 数字信号，送入奈奎斯特数字滤波，进行滤波后得到复合数据流。自动增益控制（AGC）电路产生的 AGC 使调谐器的增益受脉宽调制输出信号的控制。第二个 AGC 使数字信号带宽的功率分配最优化。经上述处理得到的数字信号经数字载波环路进行解调，由维持比解码器、卷积去交织器和里德－索罗门解码器等完成前向纠错，恢复输出以 188Byte 为一包，满足 MPEG－2 编码标准的传输码流。

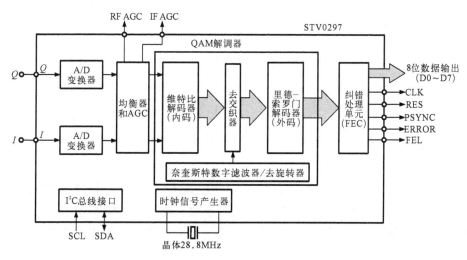

图 4-16 数字有线解调器 STV0297 的内部功能框图

2. 解复用器和解码器

解复用器和解码器的内部功能方框图如图 4-17 所示，它采用单片 MB87L2250 芯片，该芯片内还包含嵌入式 CPU、DVB 解扰器、OSD 控制器、DRAM 控制器及各种接口电路。

来自解调器输出的并行或串行码流，先送到 DVB 解扰器进行解扰。DVB 解扰器能并行处理 8 个不同的码流，能对 TS 流和 PES 流进行解扰。接收加密节目时，通过解扰后才能收看。加密节目的码流中包含了前端发送来的 ECM、EMM 信息，这些信息是前端系统使用密钥及加密算法对码流数据包进行变换处理组成的。ECM 信息加密所用的初始密钥来自前端的智能卡加密系统。加密密钥事先存在智能卡的数据区内，解扰时，接收机通过读取放置在机内的智能卡中的用户授权信息，与从 TS 码流中提取的 ECM 的节目授权信息进行比较，凡符合条件的 ECM 信息即可解出其中的控制符（字），然后用此控制符（字）对传输码进行解扰，解扰后得传输码流送入解复用器进一步处理；解复用器包括传输流解复用器和节目流解复用器。传输流解复用器对 DVB 解扰器送来的传输码流进行数字化滤波，从中分解出节目 PID（即从多路单载波中的多套节目中分解成只含一套节目的节目流）。接着再由节目流解复用器做进一步处理，即将节目流分解成只含有音视频和传输数据的基本码流。其过程是将预置在 PID 表中的 PID 值与 TS 包中的 PID 进行比较，如这两个 PID 值相匹配，将相匹配的 PID 送到存储器中缓存起来，给 MPEG 解码器做进一步处理。由上述可知，解复用器实际上是一个 PID 分析器，用来识别传输包中可编程 PID 中的一个。除此之外，解复用器还处理基本流同步和进行错误校正。它通过分析 PES 包头，从中提出满足控制和同步需要的节目基准时钟（PCR）。

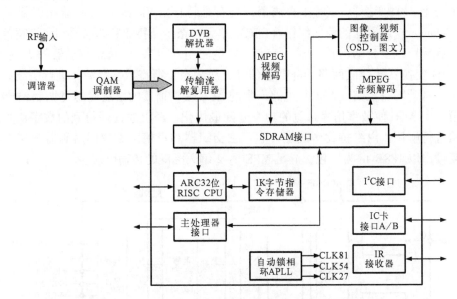

图 4-17　MB87L2250 解复用器和解码器内部功能方框图

3. MPEG 解码器

MPEG 是国际移动图像专家组的简称，这里指按照该组织制定的信号处理标准对信号的处理方法及电路。其 MPEG-1 是 VCD 影碟机对音频、视频信号压缩/解压缩的技术标准，图像分辨率较低。MPEG-2 是 DVD、卫星接收机、数字电视机所采用的技术标准，图像分辨率较高。

MPEG-2 解码器是解压缩处理的核心电路，其处理过程如图 4-18 所示。在数字电视信号传输时对音频和视频数字信号进行压缩处理，在接收机中则进行解压缩处理。在解码芯

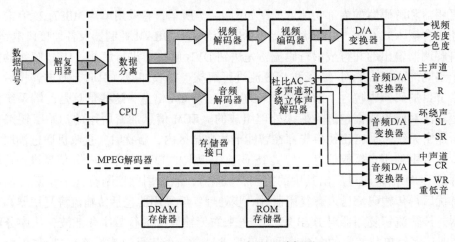

图 4-18　MPEG-2 解码电路框图

片内对信号的处理过程中，将传输流解复用器分离出的数据信号送入 MPEG 解压缩处理电路中，先进行数据分离，然后分别对音频数据和视频数据进行解压缩处理，还原出压缩前的数字信号。数字视频进行视频编码（PAL 制/NTSC 制）和 D/A 变换变成复合视频信号，以及亮度、色度信号。音频数字信号再经多声道环绕立体声解码和音频 D/A 变换器输出立体或多声道（5.1 声道）音频信号。

4. 系统控制微处理器（CPU）

机顶盒的系统控制电路由 CPU、程序存储器、数据存储器、地址译码器和总线接口电路组成。CPU 为 MB87L2250 芯片中的嵌入式 CPU，在 MB87L2250 芯片中集成了 32 位高性能 CPU 和各种信号处理接口电路。其中 SRAM 和 SDRAM 控制器是主要电路之一，可与不同速度的存储器连接，可在读写时序中插入等待状态信息。

程序存储器 29LV160BE 是一种 16MB FlashROM（块闪存储器），整机的控制程序固化在片内。它有 16 条数据线与 CPU 的 16bit 外部数据总线 D0 ～ D15 相连。还有 19 条地址线与 CPU 外部的地址总线 A0 ～ A18 连接，为 CPU 提供了 2MB 的存储空间。CPU 通过外部控制 I^2C 总线直接对其进行读写操作。29LV160BE 的内部组成方框图如图 4-19 所示。

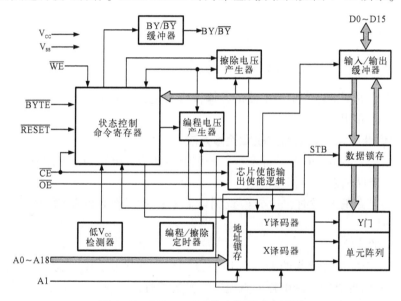

图 4-19　29LV160BE 的内部组成方框图

本机用了两片数据存储器 HY57V161610D，它是一种 16MB 同步动态 SDRAM。一片用做系统控制电路的数据存储器，另一片用做解码器的数据缓冲存储器和帧存储器。它们分别用来存储执行程序所需要的各种数据、传输码流中的专用数据、OSD 数据等。

电可改存储器 E^2PROM 24C64 存储空间为 8KB，它与 CPU 之间通过 I^2C 总线进行数据存取，以串行的方式传输数据。电可改存储器（E^2PROM）用来存储调定的频率、符号率、极化方式、音视频电路、图文电路数据等参数。

地址译码器 74HC138 是一种 3－8 线译码器，它的 3 个输入端 A、B、C 与 MB87L2250 芯片的地址线 A20 ～ A22 连接。3 个控制端的 G1 和 G2B 分别接 3.3V 电压和地，G2A 与 MB87L2250 的 RCS 输出脚连接。8 个输出端的 Y0 作为 Flash 的片选信号，Y3 作为总线收发器 74HC245 的选通信号。

总线收发器 74HC245 具有 8 个 A 端口和 8 个 B 端口，它主要作为键盘的输入接口，为

CPU 读取键值提供数据通道。其中 A 端口的 4 个引脚接键盘矩阵的列检测输入线，B 端口与 CPU 的外部数据总线 D0 ~ D7 相连。

4.3 调谐器和中频电路的故障检修方法

调谐器和中频电路是电视机在实际使用中用于接收电视节目信号的主要通道，该部分电路不正常，将导致用户无法正常收看电视节目。因此下面在了解该电路的基本结构和电路原理的基础上，具体介绍其基本的检修方法。

4.3.1 调谐器和中频电路的故障表现

调谐器和中频电路作为液晶电视机重要的电视节目接收电路部分，出现故障后主要是影响电视机天线信号和有线电视节目信号的接收，主要表现为：

① 图像频繁出现静像或马赛克，伴音间断并伴有尖锐的噪声；

② 接收 DVD 等外部音视频信号，声音、图像正常，而接收有线或电视天线节目无声、无图像；

③ 接收电视节目时伴音和图像均不正常。

4.3.2 调谐器和中频电路的检修方法

不同结构形式的调谐器和中频电路的具体检修方法也不完全相同，下面以其常见的两种结构形式为例进行介绍。

1. 独立的调谐器和中频电路的故障检修方法

下面仍以康佳 LC – TM2018 液晶电视机的调谐器和中频电路为例介绍其检修方法。

（1）调谐器电路的基本检修方法

怀疑调谐器电路有故障时，应先检查调谐器的主要工作条件是否正常，如直流电压、I^2C 总线控制信号等。

● 直流电压的检测。

直流电压检测时以调谐器的外壳为地线分别检测主要引脚的直流工作电压。在康佳 LC – TM2018 液晶电视机中，调谐器的直流电压检测端有：

①脚为 AGC 端，在接收电视节目的条件下约为 4.2V；

④脚、⑤脚为 I^2C 总线信号端，平均电压约为 3.5V；

⑦脚为电源供电端，为 5V；

⑧脚为 AFC 端，直流电压约为 2.6V。

检测时，首先将万用表置于直流 10V 电压挡，然后分别用万用表红表笔接触这些引脚，黑表笔接外壳即可，如图 4-20 所示（以测⑦脚电源端电压为例，其他引脚的检测方法与之相同）。

如果所检测的电压不正常，应分别检测相关引脚的外围电路。

● I^2C 总线信号的检测。

I^2C 总线信号一般使用示波器进行检测，如图 4-21 所示，示波器接地夹接调谐器外壳，探头分别接调谐器的④脚、⑤脚，观察示波器显示屏，正常情况下应有图中所示波形。

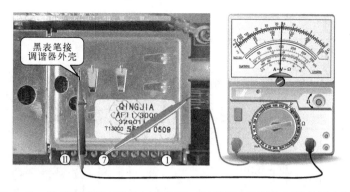

图4-20　调谐器直流工作电压的检测（以⑦脚电源端电压的检测为例）

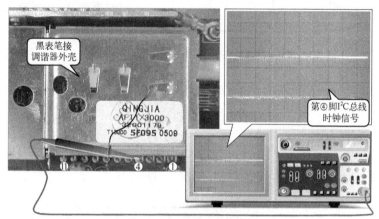

（a）④脚I²C总线时钟信号的检测

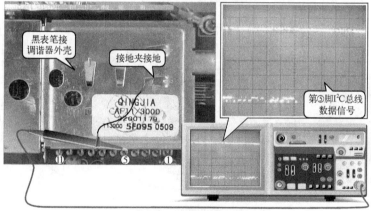

（b）⑤脚I²C总线数据信号的检测

图4-21　调谐器I²C总线信号的检测

如果无I²C总线信号，调谐器不能正常工作，应重点检查微处理器电路是否正常。

（2）中频电路的基本检修方法

中频电路发生故障往往会引起伴音和图像均不正常。其故障原因可能有以下几个方面。

● 电源供电失常。

中频电路中的集成电路TDA9885T和晶体管放大器都需要5V供电。用万用表检测电源供电端或检测晶体管集成电路的供电端可以判别供电是否正常，如图4-22所示。

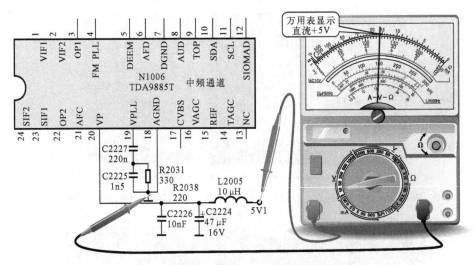

图 4-22　中频电路电源供电电压的检测

注意：检测时，由于中频电路外部罩有屏蔽盒，为了检测的准确性，应将屏蔽盒焊下。

● 中频集成电路故障。

判别中频集成电路 TDA9885T 是否正常可以检测⑰脚的输出和视频放大器 V2003 的射极输出。正常工作时应有视频图像信号输出，如图 4-23 所示。

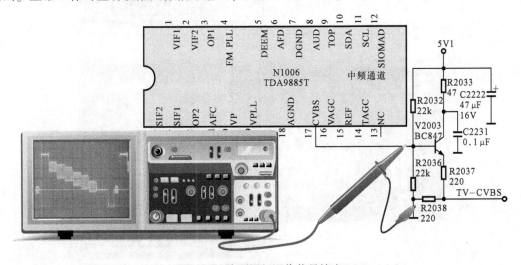

图 4-23　检测视频图像信号输出

● 预中放和声表面波滤波器故障。

来自调谐器的中频信号（IF）先经预中放 V1002 放大，再由图像中频声表面波滤波器 Z2001（K6274D）和伴音中频声表面波滤波器 Z2002（K9450M）滤波，然后分别将图像中频和伴音中频送入 TDA9885T 中进行处理。

判别该部分是否正常可采用干扰法，即用螺丝刀或万用表表笔接触预中放的基极或声表面波滤波器的输入、输出端，观察电视机屏幕现象，若有明显的干扰线出现在屏幕上，则属正常，否则说明该部分电路有故障。

2. 一体化调谐器的故障检修方法

一体化调谐器的元件都封闭在金属屏蔽盒中，判断调谐器是否有故障，主要通过检测其各输出引脚的相关参数值即可，下面以长虹 LT3788 液晶电视机的一体化调谐器为例具体介绍其主要检测部位。

（1）①脚、⑰脚 AGC（自动增益控制）端直流电压的检测

一体化调谐器 U602（TMD4 – C22IP1RW）的①脚、⑰脚为 AGC（自动增益控制）端，正常时，用万用表检测这两个引脚应有一定的直流电压值，如图 4-24 所示。

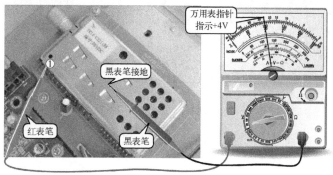

（a）①脚直流电压的检测

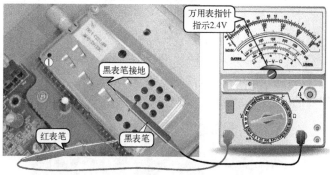

（b）⑰脚直流电压的检测

图 4-24 调谐器 AGC 端直流电压的检测

由图 4-24 可知，实际测量的结果为①脚直流电压 4V，⑰脚直流电压 2.4V，属正常。若该电压不正常，应检测电源电路部分。

（2）电源电压的检测

一体化调谐器 U602 的⑦脚、⑲脚为电源电压 +5V 供电端，将万用表黑表笔接调谐器外壳，红表笔接⑦脚，检测该引脚电压值，如图 4-25 所示（⑲脚的检测方法相同）。

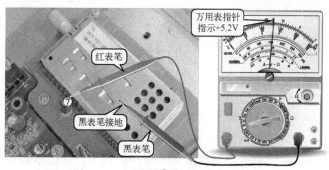

图 4-25 调谐器⑦脚电源电压的检测

（3）调谐电压的检测

一体化调谐器 U602 的⑨脚为调谐电压端，用万用表检测该引脚的直流电压，如图 4-26 所示。

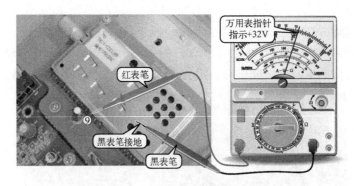

图 4-26　调谐器⑨脚调谐电压的检测

由图 4-26 可知，该脚的直流电压约为 32V，正常。

（4）I^{2}C 总线信号的检测

一体化调谐器 U602 的④脚为其 I^{2}C 总线时钟信号输入端，⑤脚为其 I^{2}C 总线数据信号输入端，正常时应有信号波形输出，具体检测方法与信号波形如图 4-21 所示。

（5）第二伴音中频、CVBS 信号和音频信号的检测

一体化调谐器 U602 的⑯脚为其第二伴音中频信号检测端，⑱脚为其 CVBS（视频）信号输出端，⑳脚为其伴音信号输出端。在电视机正常接收天线信号或有线数字电视信号时，检测这些引脚应有相应的信号波形输出，如图 4-27 所示。

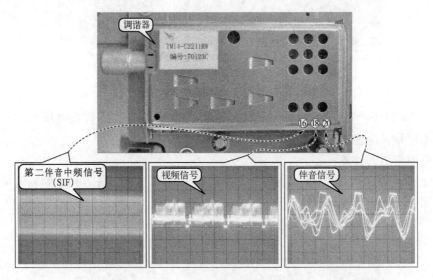

图 4-27　主要输出信号波形的检测

如果一体化调谐器内部出现故障，上述测量结果就会出现异常，此时就需要对其进行修理和更换，但对于一体化调谐器内部电路的故障，如果检修不当，会影响整机的频率特性。一些专业维修技术人员如果没有专门测试仪器和专用修理工具，也不能进行维修，因此在一般情况下，一体化调谐器出现故障后需要整体更换。

习 题 4

简答题

1. 调谐器是由哪些电路组成的？其功能是什么？

2. 中频电路的结构和功能是什么？

3. 一体化调谐器的主要特点是什么？

4. 判别一体化调谐器是否正常主要应检测哪些项目？

第5章 视频图像信号处理电路的结构和检修方法

5.1 视频图像信号处理电路的功能

视频图像信号处理电路主要是由视频解码电路、数字图像信号处理电路等部分组成的，此外还有一些外围电路。该电路是将本机接收的视频图像信号进行解码，然后进行数字处理，将视频信号转换成驱动液晶屏的信号。为了能欣赏DVD、摄录机和计算机上的视频节目，液晶电视机还设有多种接口，接收不同格式的视频信号。视频图像处理电路是电视机中主要电路。

5.1.1 LC-TM2018液晶电视机的视频图像信号处理电路

如图5-1所示为康佳LC-TM2018型液晶电视机的整机结构示意图。图5-2所示为该电视机的整机电路结构方框图。从图5-2可见，这种电视机除具有接收电视节目的调谐器之外，还设有多种接口以便与计算机显卡、DVD、录像机、摄像机等外部音视频设备相连。

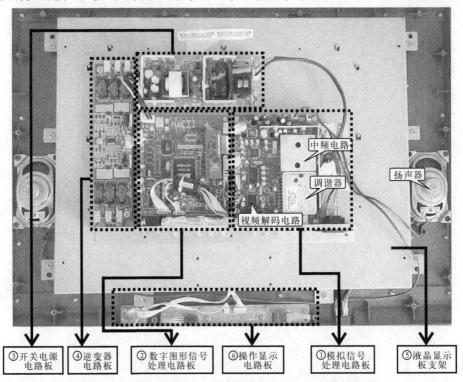

图 5-1　康佳 LC-TM2018 型液晶电视机的整机结构示意图

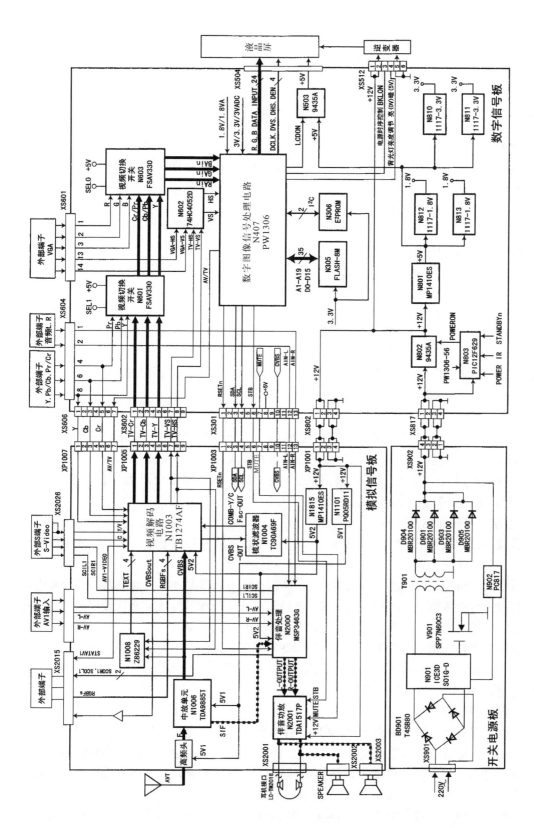

图5-2　康佳LC-TM2018型液晶电视机的整机电路结构方框图

从图5-1和图5-2可见视频解码电路和数字图像信号处理电路在整机中的位置。来自天线和高频头的视频图像信号和来自外部接口的视频信号，先经视频解码电路，将复合视频信号变成分量视频信号，再经视频切换开关送到数字图像信号处理电路，经处理后变成驱动液晶屏的信号去驱动液晶屏显示图像。

5.1.2　LC-TM2718 液晶电视机的视频解码和数字图像处理电路

如图5-3所示为康佳 LC-TM2718 型液晶电视机的整机电路结构方框图。从图中可见，视频解码器 U301、视频图像增强电路、数字图像处理电路和 LVDS 转换电路是处理视频图像信号的主要电路。

1. TV 信号处理电路部分

- 高频调谐器 N1000。电视信号在其中进行高放、混频后变成中频信号，再送往中频电路 N1010 进行伴音解调和视频检波。
- 中频电路 N1010 TDA9808T，它对调谐器送来的中频信号进行中放、视频检波和伴音解调，输出视频图像信号和第二伴音中频信号（SIF）。
- 视频解码电路 U301 VPC3230D，它的功能是对视频信号进行解码，并变成 16bit 数字视频分量信号（YUV），再送给 U401 PW1231A 进行图像的数字增强处理，用于改善图像质量。

U301 具有多路、多格式视频信号输入接口，本机的视频信号与外部输入的视频信号在该电路中先进行切换再进行解码处理。

- 分量视频输入切换开关 U305 P15V 330。外部的分量视频信号和计算机显卡输出的 VGA 视频信号分别从两组接口送入 U305 中，进行切换后输出一组分量视频或 R、G、B 信号，通常高清视频信号以分量信号的形式输入。
- 模数转换器 AD9883A，U305 输出的视频信号由 AD9883A 变成数字信号直接送往 U501 数字图像信号处理电路进行处理。

2. 数字信号处理电路部分

- 视频图像增强电路 U401 PW1231A，该电路是数字信号处理电路，它接收数字视频信号，对图像信号进行扫描格式变换和图像增强处理。
- 数字图像信号处理电路 U501 PW113，PW113 是一个超大规模集成电路，是液晶电视机中进行图像数字处理的核心电路。它可以对视频图像信号进行缩放处理。形成液晶显示屏所需的 LVDS 信号。内置 CPU 可对彩电进行控制。
- 程序存储器 AM29L V800D。存储器 AM29L V800D 用于存储 PW113 的工作程序。
- 图像存储器 U402 M12L6416A，用于存储数字视频信号（1帧）。
- 存储器 24C16，用于存储用户调整的数据。

3. 伴音电路部分

- 伴音信号处理电路 N2000 MSP3463G。伴音信号的处理电路 N2000 MSP3463G 具有数字信号的处理功能和模拟信号处理功能。就是说它可以处理第二伴音中频信号，包括数字伴音，也可以直接输入多路模拟伴音信号进行切换处理，然后输出 L、R 音频信号。
- 音频功率放大电路 N2001 TDA8944J。TDA8944J 是一个具有双声道的功率放大器，信号放大后去驱动扬声器。

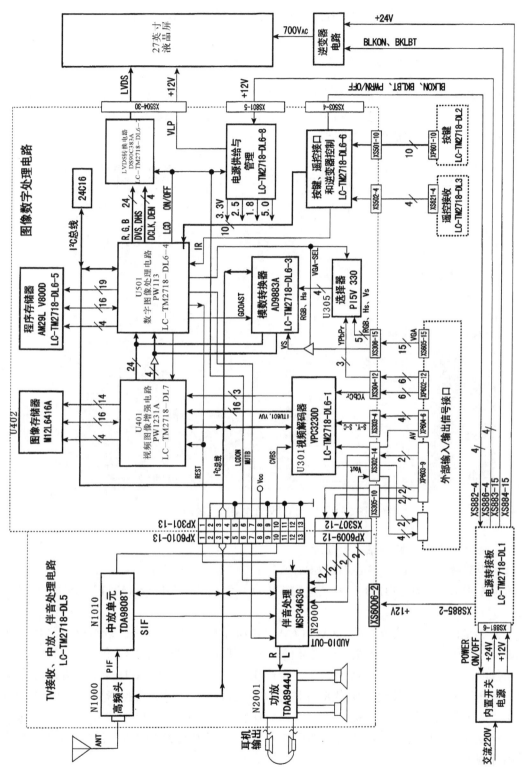

图5-3 康佳LC-TM2718型液晶电视机的整机电路结构方框图

5.2 视频图像信号处理电路的结构和信号处理过程

5.2.1 典型视频信号处理电路的结构和功能

长虹 LT3788 型（LS10 机芯）液晶电视机的视频信号处理电路是由视频解码电路 U401（SAA7117AH）、数字视频处理电路 U105（MST5151A）、图像存储器 U200（K4D263238F-QC50）、液晶显示屏等组成的，如图 5-4 所示。

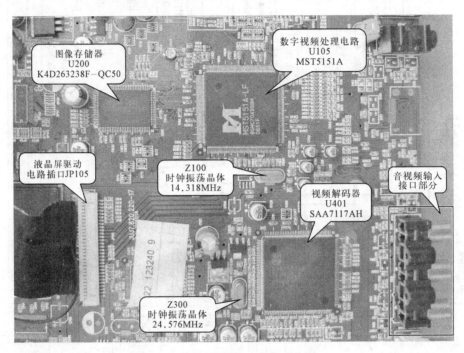

图 5-4　视频信号处理电路板实物图

1. 视频图像处理电路的结构及功能

（1）视频解码器 U401（SAA7117AH）

图 5-5 所示为长虹 LT3788 型液晶电视机中视频解码器 U401（SAA7117AH）的电路原理图。

图 5-5 是以大规模集成电路 SAA7117AH 为核心的视频解码电路。该解码电路是一种数字视频信号解码器，由本机接收的视频信号和外部输入的视频信号（包括 S-视频中的亮度和色度信号）都送到该电路中。首先经切换处理，然后进行 A/D 变换，再进行数字视频（解码）处理，经处理后输出 8 路并行数字分量视频信号。支持 NTSC/PAL/SECAM 三种制式的视频输入信号，可提供 10 位的 A/D 转换，具有自动颜色校正、全方位的亮度、对比度和饱和度的调整等功能。如图 5-6 所示为其在电路板上的实物外形，图 5-7 为其内部框图。

该电路用于长虹 CHD-2 机芯彩电以及 LS10 机芯液晶彩电等系列机型中，具有较低的增益温度漂移等特性。SAA7117AH 集成电路各引脚功能见表 5-1。

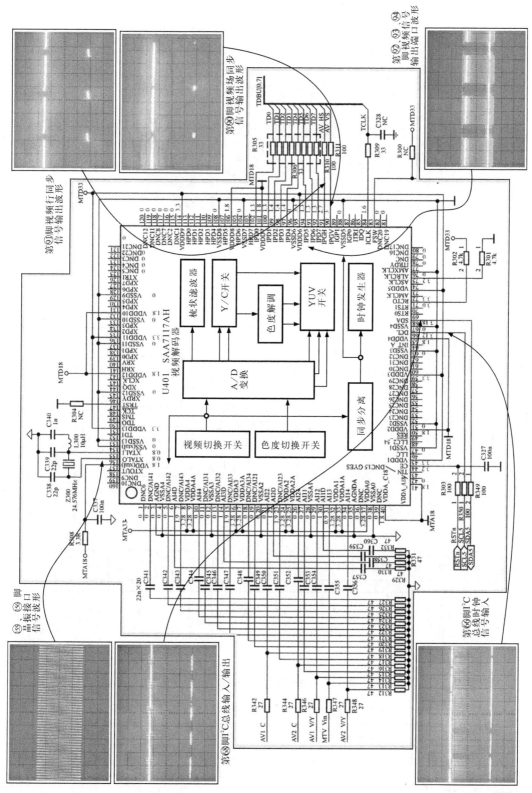

图5-5　视频解码电路原理图

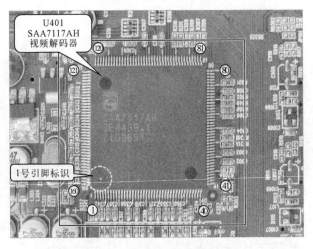

图 5-6　SAA7117AH 实物外形

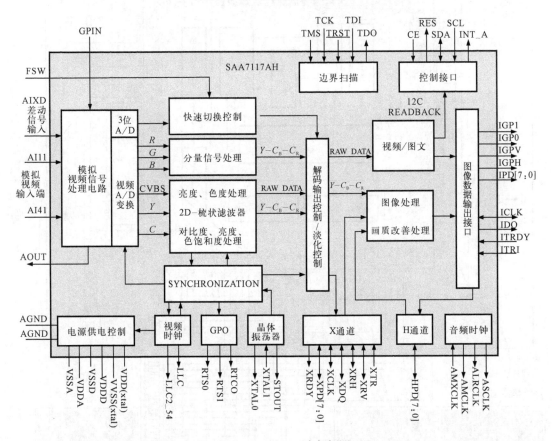

图 5-7　SAA7117AH 内部框图

表 5-1　SAA7117AH 集成电路各引脚功能

引 脚 号	名 称	引 脚 功 能	引 脚 号	名 称	引 脚 功 能
②⑤⑦⑩	AI41～AI44	第 4 路模拟信号输入组	㊵㊶⑮⑦	VDDAC18 VDDAA18	模拟 1.8V 供电端
③④⑫⑳ ㉘㉟㊳	AGND VSSA	地	㊹	CE	IC 复位信号输入

续表

引　脚　号	名　　称	引 脚 功 能	引　脚　号	名　　称	引 脚 功 能
⑥	AI4D	ADC 第 4 路微分输入信号	㊻ (59) (73) (95) (114) (136) (151)	VDDD (MTD33)	数字 3.3V 供电端
⑧⑨⑯ ⑰ ㉔ ㉕ ㉜ ㉝ ㊲	VDDA	模拟 3.3V 供电端	㊿ (65) (101) (106) (132) (142)	VDDD (MTD18)	数字 1.8V 供电端
⑪ ⑬ ⑮ ⑱	AI31 - AI34	第 3 路模拟信号输入组	(52) ~ (58) (60) ~ (62) (64)	NC	空脚
⑭	AI3D	ADC 第 3 路微分输入信号	(66)	SCL	I^2C 总线时钟信号输入
⑲ ㉓	AI21、AI23	第 2 路模拟信号输入组	(66)	SDA	I^2C 总线数据输入/输出
㉑	AI22	第 2 路模拟信号输入（AV1 色度输入信号）	(71)	RCTO	实时控制输出（未使用）
㉒	AI2D	ADC 第 2 路微分输入信号	(75)	ALRCLK	音频左/右时钟信号输出（未使用）
㉖	AI24	第 2 路模拟信号输入（侧置 AV2 色度输入信号）	(76)	AMXCLK	音频控制时钟输出（未使用）
㉗	AI11	第 1 路模拟信号输入	(84)	ICLK	视频时钟输出
㉙	AI12	第 1 路模拟信号输入（AV1 的 Y/V 输入信号）	(90)	IGPV	视频场同步信号输出
㉚	AI1D	ADC 第 1 路微分输入信号	(91)	IGPH	视频行同步信号输出
㉛	AI13	第 1 路模拟信号输入（TV 输入的 IF 信号）	(155) (156)	XTALI XTALO	晶振接口
㉞	AI14	第 1 路模拟信号输入（侧置 AV2 Y/V 输入信号）	(92) (93) (94) (97) (98) (99) (100) (102)	IPD7 - IPD0	视频信号输出端口

（2）数字视频信号处理电路 U105（MST5151A）

如图 5-8 所示为长虹 LT3788 型液晶电视机中数字视频处理电路 U105（MST5151A）的实物外形，该电路是一种具有多功能的高画质数字视频处理芯片，主要应用于 LCD 显示器和电视一体化产品上。

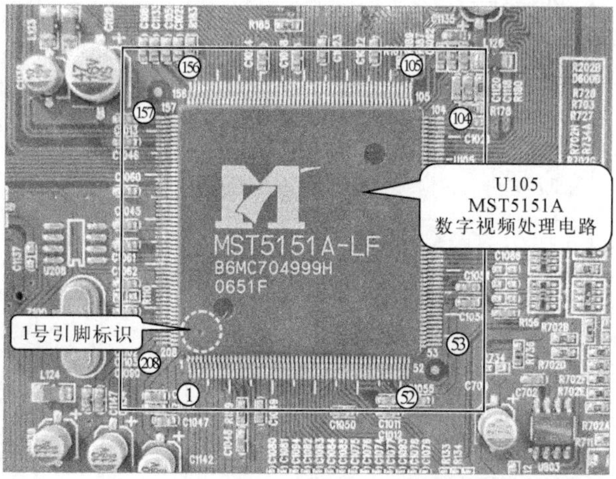

图 5-8　MST5151A 集成电路实物外形

MST5151A 集成电路功能强大，其拥有几乎所用应用于图像捕捉、处理及显示时钟控制等方面的功能，内置增益、对比度、亮度、色饱和度、色调、肤色校正调节等电路，且具有抗电磁干扰和低功耗等特点。其各引脚功能含义见表5-2。

表5-2 MST5151A 集成电路各引脚功能

引 脚 号	名 称	引 脚 功 能	引 脚 号	名 称	引 脚 功 能
模拟信号输入端口			时钟合成和电源		
⑳ ㉑	BIN1M BIN1P	Pb 模拟信号输入（YPbPr）	⑳② ⑳③	XIN，XOUT	晶振接口
㉒	SOGIN1	Y 同步信号（YPbPr）	④⑩	AVDD – DVI	DVI 3.3V 电源
㉓ ㉔	GIN1M GIN1P	Y 模拟信号输入（YPbPr）	⑫	AVDD – PLL	PLL 的 3.3V 电源
㉕ ㉖	RIN1M RIN1P	Pr 模拟信号输入（YPbPr）	⑰ ㉞	AVDD – ADC	ADC 3.3V 电源
㉗ ㉘	BIN0M BIN0P	Pb 模拟信号输入（YPbPr）	㊾	AVDD – APLL	音频 PLL 的 1.8V 电源
㉙ ㉚	GIN0M GIN0P	Y 模拟信号输入（VGA）	⑩⑨	AVDD – PLL2	PLL2 的 3.3V 电源
㉛	SOG IN0	Y 同步信号（VGA）	⑳④	AVDD – MPLL	PLL 的 3.3V 电源
㉜ ㉝	RIN0M RIN0P	Pr 模拟信号输入（VGA）	⑧⑥ ⑩② ⑪③ ⑫⑤ ⑬⑨ ⑮④	VDDM	存储器 2.5V 电源
㉟	AVSYNC	ADC 场同步信号输入	⑥⑥ ⑯② ⑱②	VDDP	数字输出 3.3V 电源
㊱	AHSYNC	ADC 行同步信号输入	⑥③ ⑦⑨ ⑬① ⑮⑥ ⑰③ ⑱⑤ ⑲⑤	VDDC	数字核心 1.8V 电源
DVI 输入端口			① ⑦ ⑬ ⑯	GROUND	地
② ③ ⑤ ⑥ ⑳⑦ ⑳⑧	DA0 + ,DA0 – DA1 + ,DA1 – DA2 + ,DA2 –	DVI 输入口	㉟ ㊿ ⑥④ ⑥⑤ ⑧⓪ ⑧⑦ ⑩③ ⑩⑧ ⑪④ ⑫⑥ ⑬② ⑭⓪	GROUND	地
⑧⑨	CLK + , CLK –	DVI 时钟输入信号	⑮⑤ ⑮⑦ ⑮⑨ ⑯③ ⑰② ⑱③ ⑱④ ⑲④ ⑳⑤ ⑳⑥	GROUND	地
⑪	REXT	外部中断电阻	MCU		
⑭	DVI – SDA	DDC 接口 串行数据信号	⑥⑦	HWRESET	硬件重启 恒为高电平输入
⑮	DVI – SCL	DDC 接口 串行时钟信号	㉘ – ㉕	DBUS	与 MCU 的数据通信输入/输出
LVDS 端口			⑥⑧	INT	MCU 中断输出
⑯④ ⑯⑤	LVACKM LVACKP	低压差分时钟输入	帧缓存器接口		
⑯⓪ ⑯① ⑯⑥ ⑯⑧ ⑯⑦ ⑯⑨ ⑰⓪ ⑰①	LVA3PLVA3M LVA2PLVA2M LVA1PLVA1M LVA0PLVA0M	低压差分数据输出	⑯⑨ – ⑯⑨ ⑯⑨ – ⑯⑨	MADR[11:0]	地址输出
视频信号输入			⑩① ⑬③	DQM[1:0]	数据输出标志
⑥⑥	VI – CK	视频信号时钟输入	⑧① ⑩⓪ ⑬④ ⑮③	DQS[3:0]	数据写入使能端
㊶ – ㊽ ㊴ – ㊱	VI – DATA	视频信号（Y、U、V）数据输入	⑩④	MVREF	参考电压输入

续表

引脚号	名称	引脚功能	引脚号	名称	引脚功能
数字音频输出			⑩⑤	MCLKE	时钟输入使能端
⑱⑧	AUMCK	音频控制时钟信号输出	⑩⑥ ⑩⑦	MCLKZ MCLK	时钟补充信号 时钟信号输入
⑱⑨	AUSD	音频数据信号输出	⑪② ⑪⑤	RASZ CASZ	行址开关（恒为低） 场址开关（恒为低）
⑲⓪	AUSCK	音频时钟信号输出	⑧②－⑧⑤ ⑧⑧－⑨⑨ ⑬⑤－⑬⑧ ⑭①－⑮②	MDATA [31:0]	数据输入输出端
⑲①	AUWS	选择输出端	⑪⓪ ⑪①	BADR[1:0]	层选地址

数字视频处理器与外部各电路的连接关系如下。

① MST5151A 与液晶屏驱动电路的连接。

图 5-9 所示为数字视频处理器 MST5151A 与液晶驱动电路插件 JP105 的连接图。MST5151A 通过其⑯⓪脚、⑯①脚、⑯④脚～⑰①脚输出低压差分信号（LVDS），通过插件 JP105 及数据线驱动液晶屏。

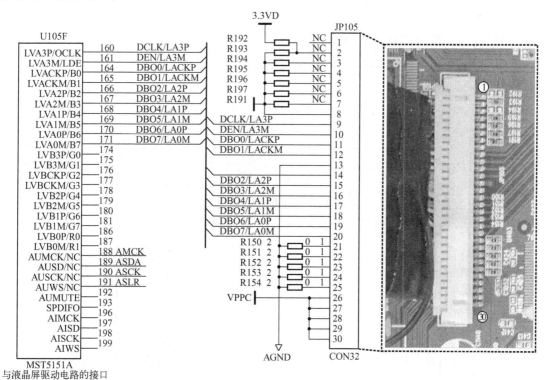

图 5-9　MST5151A 与液晶屏驱动电路的连接

② MST5151A 与图像存储器（帧存储器）的连接。

图 5-10 所示为 MST5151A 与图像存储器 U200（K4D263238F）的连接图。数字视频处理器 MST5151A 在进行数字图像处理时，通常要将相邻帧的图像数据存储在存储器中，通过对相邻帧图像的比较，以便进行运动检测和降噪处理。MST5151A 与图像存储器的接口是 32 条数据总线（MDATA0～MDATA31）和 12 条地址总线（MADR0～MADR11）。MWE、MCAS、MRAS 是控制信号线，MCLK 是时钟线，这几种信号被称为控制总线。

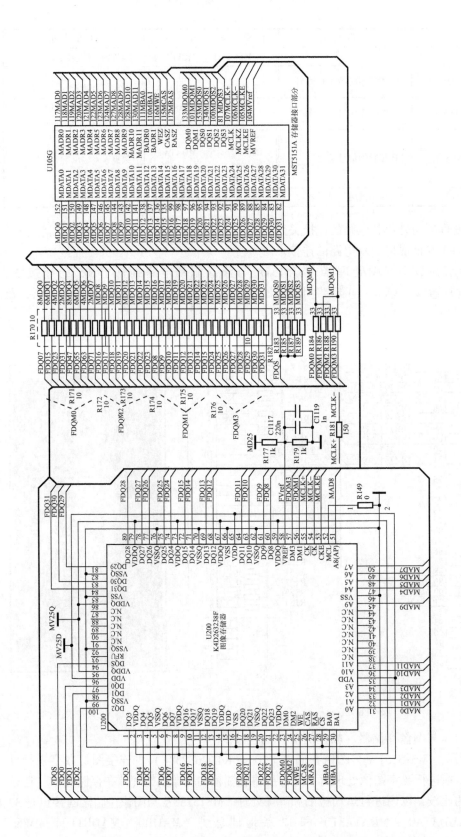

图5-10　MST5151A与图像存储器的连接

数字信号处理电路在工作时需要由存储器与它配合，对图像的数据进行暂存。图5-11所示为与数字视频处理芯片 MST5151A 配合使用的图像存储器 U200（K4D263238F）实物外形及内部结构图。

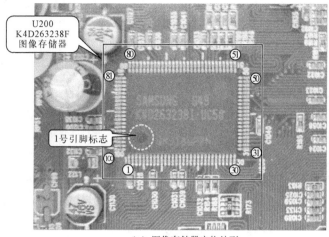

（a）图像存储器实物外形

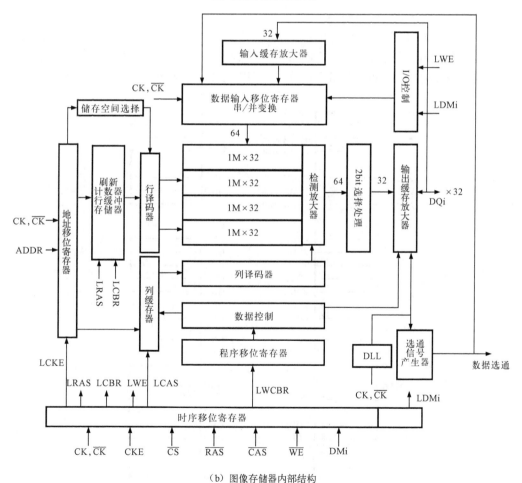

（b）图像存储器内部结构

图5-11 图像存储器 K4D263238F 实物外形及引脚功能

图 5-12 所示是存储器电路的结构。从图 5-12 可见，集成芯片是采用半导体芯片制作工艺生产的，每个芯片上都集成了成千上万只半导体器件，芯片的接口通过内部引线与集成电路引脚相连，然后再将集成电路引脚焊接在数字处理电路的印制板上。

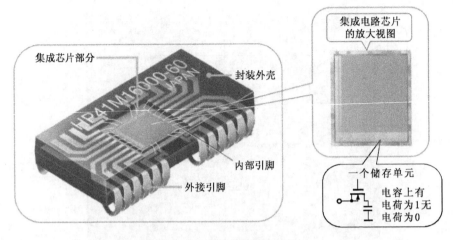

图 5-12　存储器电路的结构

③ MST5151A 的电源供电接口。

图 5-13 是 MST5151A 的电源供电接口部分，该部分有多条引线接地，另外有多种电路分别给不同的引脚供电，图中主要为 3.3V、2.5V、1.8V 等几种。采用这种分别供电的形式主要是由于 MST5151A 内部有多种信号处理电路，分别进行接地和供电以防止信号的相互干扰。

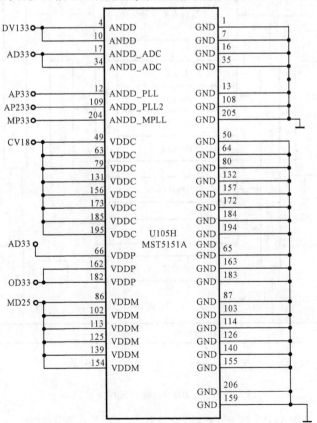

图 5-13　MST5151A 的电源供电电路

④ MST5151A 的 CPU 接口。

图 5-14 所示为 MST5151A 的 CPU 接口电路图。MST5151A 的⑳脚、⑳脚外接石英振荡晶体用来产生时钟振荡信号，⑰脚~⑮脚与微处理器 MM502 相连，传输各种控制信号。

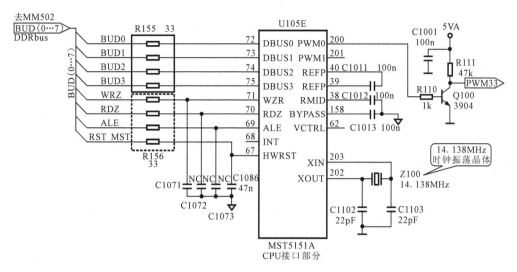

图 5-14 MST5151A 的 CPU 接口电路图

⑤ MST5151A 与 YPbPr 输入端口（JP101）的连接。

如图 5-15 所示为 MST5151A 与 YPbPr（分量视频信号）输入端口（JP101）的连接电路图。从 JP101 输入的 Y 信号经电容器 C1067 与 R121 组成的 RC 滤波网络后分为两路，一路通过电容 C1084 耦合到 MST5151A 的㉒脚进行视频信号处理，另一路通过电容 C1082 耦合到 MST5151A 的㉓脚进行视频信号处理；从 JP101 输入的 Pb 信号经电容 C1066 与 R120 组成的 RC 滤波网络后通过电容 C1080 耦合到 MST5151A 的⑳脚进行视频信号处理；从 JP101 输入的 Pr 信号经电容 C1068 与 R122 组成的 RC 滤波网络后通过电容 C1084 耦合到 MST5151A 的㉖脚进行视频信号处理。

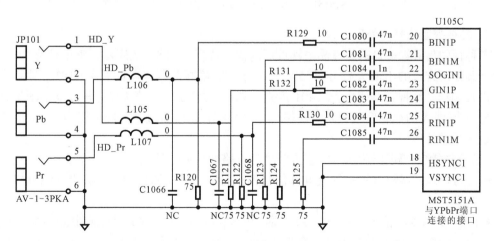

图 5-15 MST5151A 与 YPbPr 输入端口（JP101）的连接电路图

⑥ MST5151A 与 VGA 输入端口（JP100）的连接。

如图 5-16 所示为 MST5151A 与 VGA 输入端口（JP100）的连接电路图。由 JP100 输入的 GB（蓝基色信号）信号经电感 L102 后，再经电容 C1063 和 R114 组成的 RC 滤波电路后，通过电容 C1076 耦合到 MST5151A 的㉘脚进行视频信号处理，另外两路 GG（绿基色信号）、GR（红基色信号）信号也经 RC 滤波、电容耦合后分别送到 MST5151A 的㉚脚、㉛脚和㉝脚。

图 5-16 中 U101 24LC32A 为存储器。当通过计算机主机 VGA 接口与液晶电视机连接时，U101 的⑤脚、⑥脚与接口相连接，由计算机主机完成液晶电视机的识别。U101 的⑧脚为电源供电端，该电压由电视机内部 +5V 提供。

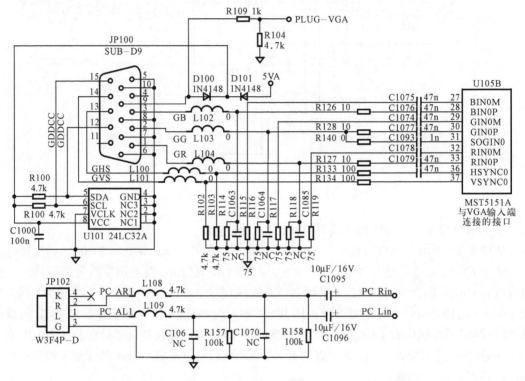

图 5-16   MST5151A 与 VGA 输入端口（JP100）的连接电路图

2. 各种视频信号的处理过程

各种视频信号经接口送入液晶电视机后的信号流程如图 5-17 所示，整个信号的处理过程根据其处理方式的不同大致分可为两个部分。高频调谐器接收的视频图像信号和 AV1、AV2 的视频信号经视频解码电路 U401 后送入数字视频处理电路 U105 进行数字图像处理。计算机显卡 VGA 的视频信号和高清视频（分量视频）信号直接送入数字视频处理电路 U105 进行数字图像处理。

（1）经视频解码电路后送入数字视频处理电路的视频信号流程

- 由高频调谐器输出的视频全电视信号 MTV Vin，经接插件 JP504 送入 SAA7117AH 的㉛脚。

- 由 AV1 的视频信号 AV1 Vin 或 S 端子的亮度信号 AV1 Yin，经插件 JP507 或 S 端子 JP507 送入 SAA7117AH 的㉙脚，S 端子的色度信号 AV1 Cin，经 JP507 送入 SAA7117AH 的㉑脚。

- AV2 的视频信号 AV2 Vin 经插件 JP104 后送入 SAA7117AH 的㉞脚和㉖脚。

上述三组视频信号在 SAA7117AH 中进行 AV 切换、A/D 变换、梳状滤波、解码和格式变换，由⑫脚～⑭脚、⑰脚～⑩脚、⑩脚输出数字信号送往数字视频处理电路 U105（MST5151A）的㊶脚～㊽脚进行视频信号处理。

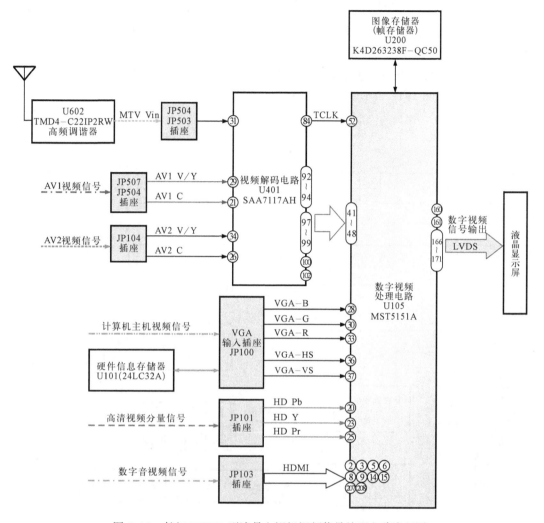

图 5-17 长虹 LT3788 型液晶电视机视频信号处理电路流程图

同时，SAA7117AH 的㉘脚输出视频时钟信号送往 U105（MST5151A）的㉒脚。

（2）直接送入数字视频处理电路的视频信号流程

直接送入数字视频处理电路 MST5151A 的视频信号也有三路。

- 由计算机主机经 VGA 插座 JP100 后输出 VGA - B、VGA - G、VGA - R、VGA - HS、VGA - VS 后分别送入 U105（MST5151A）的㉘脚、㉚脚、㉝脚、㊱脚、㊲脚。
- 高清视频分量信号经插座 JP101 后输出 HD Pb、HD Y、HD Pr 送入⑳脚、㉓脚、㉕脚。
- 数字音视频信号（HDMI）经插座 JP103 后输出四组差分数据信号直接送至 U105 的②脚、③脚、⑤脚、⑥脚、⑧脚、⑨脚、⑭脚、⑮脚、⑳⑦脚、⑳⑧脚。

上述三组信号直接送入数字视频信号处理电路后经 AV 切换，A/D 变换，数字变频处理，图像缩放处理，对比度、亮度、色度、色调控制，肤色校正等，将不同输入格式的数字视频信号变成统一的视屏信号格式后，由 MST5151A 的⑯脚～⑰脚输出，经接插件 JP105 送往液晶显示屏，驱动显示屏显示各种图像信号。

5.2.2 视频信号处理电路的故障检修流程

液晶电视机的图像视频信号也可由不同的输入接口或插座送入，检修前应首先确认电视机信号输入方式（检修时，通常使用 DVD 作为信号源，由 AV1 接口提供输入信号），即采用何种信号输入通道，由不同通道输入信号后，检测部位及引脚不相同，视频信号处理电路的基本检修流程如图5-18所示。

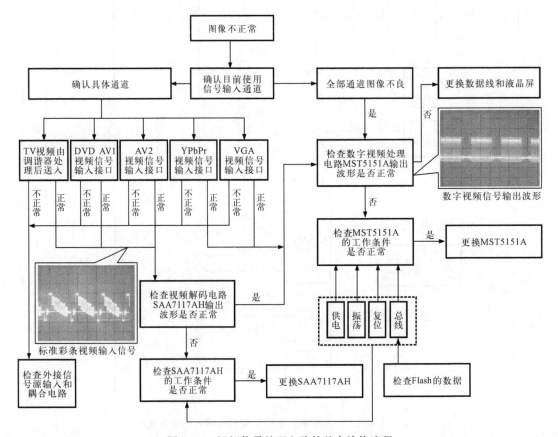

图5-18　视频信号处理电路的基本检修流程

5.3 视频图像信号处理电路的故障检修方法

液晶电视机中，数字信号处理电路承载着视频、音频、控制等重要信号信息，该电路不正常将引起电视机出现图像、声音以及控制不正常的故障。

在前述内容中，了解了其基本的电路结构及工作原理，下面具体介绍该电路的基本检修方法。

5.3.1 视频图像信号处理电路的故障表现

由于数字信号处理电路中涉及的信号种类较多，该电路有故障产生的故障现象也多种多样，根据信号类型大致可分为以下四种。

1. 有声音无图像或图像异常

液晶电视机出现伴音正常，图像异常的故障率较高，引起该故障的部件主要是视频信号处理电路、屏线及液晶屏本身。由于图像异常种类较多，如花屏、白屏、偏色等，在检修时，应遵守具体问题具体分析的基本原则，重点检测视频通道中的各种集成电路、屏线等易损部位。

2. 有图像无伴音

图像正常，伴音不正常也是液晶电视机中较常出现的一种故障。在图像正常的前提下，伴音异常多为音频信号处理通道有故障引起的，检测的重点应放在音频信号处理电路。

不过在检修前应排除扬声器损坏、接插件不良等原因，否则，盲目检测或拆焊集成电路，可能会造成二次损坏，产生更复杂的问题。

3. 遥控及操作按键异常

电视机遥控及按键失灵时，排除遥控器本身及按键板本身问题的情况下，应重点检测微处理器部分，检查微处理器相关引脚能否接收各种人工指令，并输出相应控制信号。另外，若存储器损坏，也可能造成微处理器无法正常工作，检修时，应当注意检查。

4. 不开机、黑屏

液晶电视机不开机、黑屏也可能是由数字信号处理电路引起的，应重点检查微处理器输出的开、待机控制信号，逆变器开关控制信号，以及屏电源控制信号等，可用示波器、万用表检测这些关键引脚的参数值，只有各种控制条件正常，电视机才能够正常工作。

5.3.2 数字信号处理电路的检修方法

数字信号处理电路有故障则应根据具体电路的信号流程对其进行检修，由于电路之间的各种信号都不是独立存在的，它们之间通常都是相互影响相互制约的关系，因此在检修时不能根据某一处信号或电压不良就断定故障所在，应先了解各种信号的来龙去脉，认真分析信号关系，推断并验证判断结果，最终排除故障。另外，在维修实践中积累宝贵的维修经验，是提高技能水平和维修效率的重要途径。

由于电视机的音视频信号输入端口不唯一，在检修时通常可选择一路信号输入通道，并根据该通道信号的流向，确认信号所经途径（找到各种集成电路中信号输入及输出的检测引脚）。由于集成电路引脚较密集，切不可盲目检测，以免损坏集成电路，造成不必要的损失。

在对电视机类电子产品进行检修时，通常可用 DVD 机作为信号源，为待测机器注入音视频信号。下面以长虹 LT3788（LS10 机芯）型液晶电视机的数字信号处理电路为例，介绍其基本的检修方法。

首先选择一台良好的 DVD 机作为信号源，为待测机器注入音视频信号，即连接液晶电视机的 DVD AV1 输入接口，连接好数据线后，使 DVD 机播放测试光盘（含标准彩条信号、标准音频信号等），如图 5-19 所示。下面即可根据具体的故障表现，检测相应的电路部分。

1. 视频解码电路 SAA7117AH 的检测方法

由 AV1 输入接口插座送来的视频信号首先送入视频解码电路 U401（SAA7117AH）的㉙脚、㉑脚，经 SAA7117AH 内部进行解码，A/D 变换，亮度、色度、梳状滤波等处理后由㉜脚～㉟脚、㉟脚～㉟脚、⑩脚、⑩脚输出视频信号（参照图 5-17）。

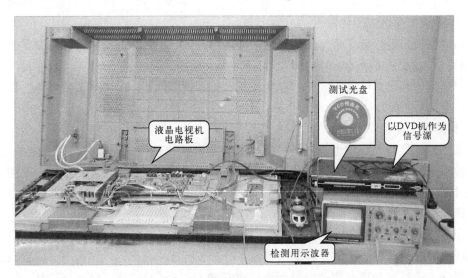

图5-19　为待测机器注入音视频信号

检查视频信号处理电路是否正常，可通过检测其视频输入、输出端的信号波形进行比较判断。首先用示波器检测输入端㉙脚的信号波形，如图5-20所示。若在S端子处注入信号，在㉑脚出应能检测到色度信号波形。

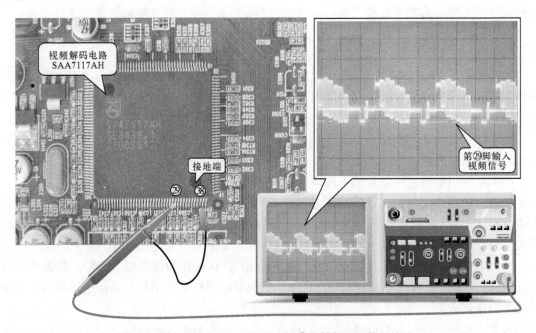

图5-20　检测SAA7117AH输入端㉙脚模拟视频信号波形

输入的模拟信号经集成电路内部处理后，由㉜脚~㉞脚、㉟脚~㉟脚、⑩脚、⑩脚输出数字视频信号，用示波器检测时可测得数字视频信号的波形，如图5-21所示（以检测㉟脚为例，其他引脚检测方法及信号波形与之相同）。

注意：在实际维修过程中，对于引脚较密集的集成电路用示波器表笔直接检测可能会引起引脚间短路打火而导致集成块损坏，因此可首先在示波器表笔探头上装入大头针或针头再进行测量。

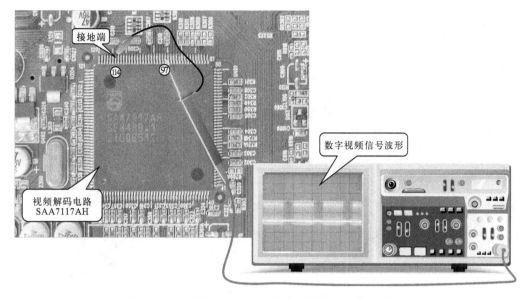

图 5-21　检测 SAA7117AH 输出端数字视频信号波形

若 SAA7117AH 输入的视频信号正常，而输出的视频信号不正常，则可能是 SAA7117AH 工作条件（工作电压、晶振信号及 I²C 总线信号等）不正常或电路本身损坏。

首先对供电电压进行测量，SAA7117AH 有两组供电电压，其中⑧脚、⑨脚、⑯脚、⑰脚、㉔脚、㉕脚、㉜脚、㉝脚为模拟 +3.3V 供电端，㊵脚、㊶脚、⑮⑦脚为模拟 +1.8V 供电端，分别用万用表检测这些引脚的工作电压，以测㉝脚 +3.3V 为例，将万用表调至直流 10V 挡，用黑表笔接接地端，用红表笔接触㉝脚，此时万用表显示的数值为 3.4V，正常，如图 5-22 所示。

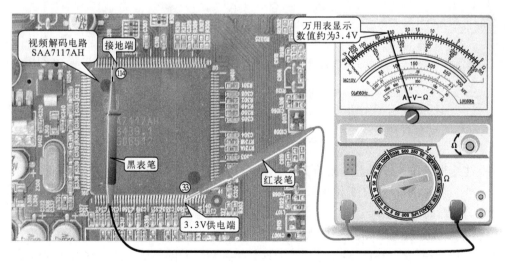

图 5-22　检测 SAA7117AH 的工作电压

此外，晶振信号也是该集成电路的标志性信号，若无该信号 SAA7117AH 无法正常工作。SAA7117AH 的⑮⑤脚、⑮⑥脚为晶振接口，外接 24.574 MHz 的晶体振荡器（Z300），用示波器的探头接触⑮⑤或⑮⑥脚时可以测得晶振信号的波形，如图 5-23 所示。

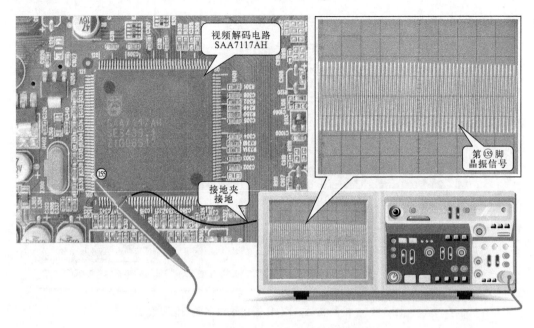

图 5-23 检测 SAA7117AH 的晶振信号

同样，其⑥⑥脚、⑥⑧脚的 I²C 总线信号正常，也是集成电路正常工作的重要条件，如图 5-24 所示。

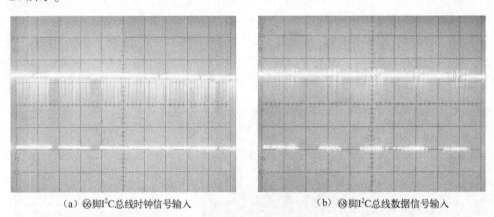

（a）⑥⑥脚I²C总线时钟信号输入　　　　　　　（b）⑥⑧脚I²C总线数据信号输入

图 5-24 SAA7117AH 的 I²C 总线信号波形

在上述几种工作条件都正常的情况下，SAA7117AH 才能够正常工作，输出正常的信号波形。另外，若 SAA7117AH 工作正常，则在其⑨⑩脚、⑨①脚应能够检测到视频行、场同步信号，⑧④脚为视频时钟输出端，各处正常状态下的信号波形，如图 5-25 所示。

2. 数字视频处理电路 MST5151A 的检测

数字视频处理电路 MST5151A 是用于处理数字视频信号的关键电路，它直接与液晶屏驱动数据线连接，将处理后的数字信号由屏线送往液晶屏驱动电路中，若该电路不正常，将引起电视机图像显示不良或无图像的故障。

由 AV1 通道送入的视频信号经视频解码电路处理后，经 MST5151A 的④①脚～④⑧脚送入数字视频处理电路中，经集成电路内部处理后由⑯⓪脚、⑯①脚、⑯⑥脚～⑰①脚输出低压差分数据信号值送往液晶屏驱动电路（参照图 5-17）。

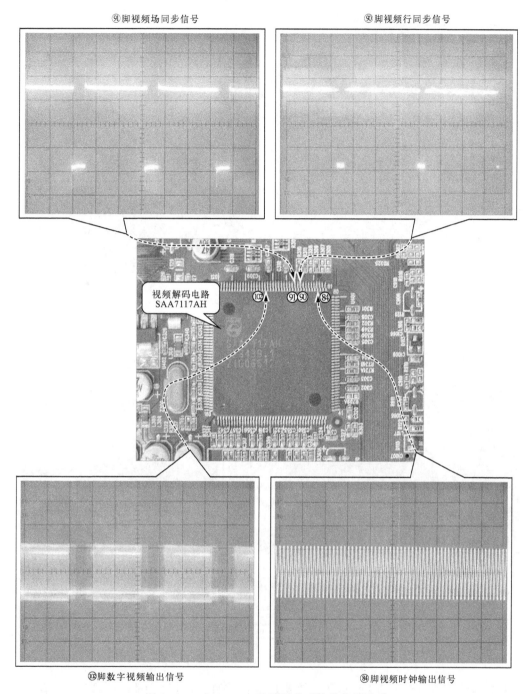

图5-25　SAA7117AH主要输出引脚的信号波形

　　首先检测数字视频处理电路 MST5151A 输入的数字视频信号是否正常，如图 5-26 所示（以测㊶脚为例，其他引脚信号波形及检测方法与之相同）。

　　若输入的视频信号不正常，则证明前级电路有故障，若输入的视频信号正常，则接下来可检测其输出的信号是否正常，如图 5-27 所示（以测⑯⓪脚为例）。

　　若数字视频处理电路输入信号正常，而输出信号不正常，此时不能直接判断集成电路本身故障，还应检查其工作条件是否正常，如工作电压、晶振信号、MCU 数据信号、存储器接口信号等。

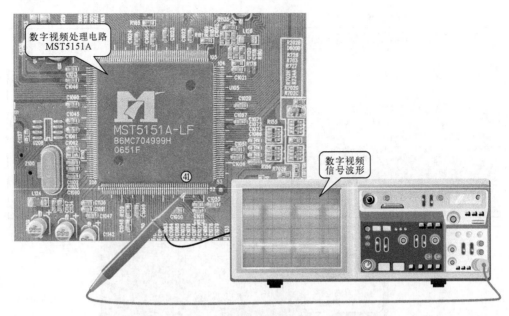

图 5-26　MST5151A 输入的数字视频信号波形的检测

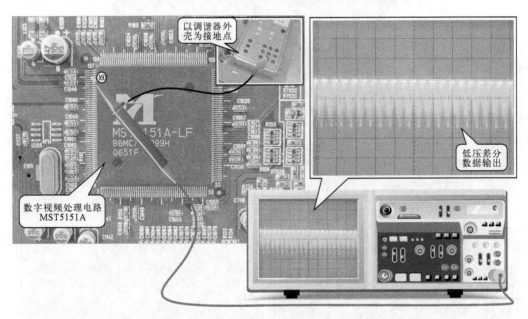

图 5-27　检测 MST5151A 输出端信号波形

　　首先检测 MST5151A 的工作电压，该集成电路⑥脚、⑦脚、⑬脚、⑮脚、⑰脚、⑱脚、⑲脚为 +1.8V 数字核心电源供电源，用万用表直流 10V 挡检测，如图 5-28 所示，测得其电压约为 1.8V，正常。

　　电源供电电压正常，接着检查其晶振信号波形，MST5151A 的⑳脚、㉑脚为晶振接口，其外接 14.318MHz 的晶体振荡器（Z200），用示波器检测这两个引脚，正常情况下应能检测到晶振信号波形，如图 5-29 所示。

　　此外，MST5151A 的㊄脚~㉒脚为与 MCU 的数据通信输入/输出引脚，正常情况下，这些引脚也应有相关的信号波形输出，如图 5-30 所示。

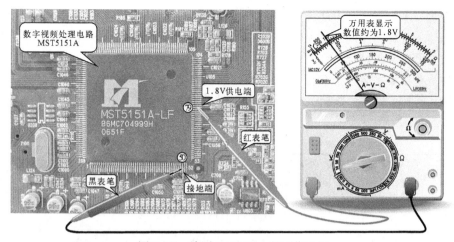

图 5-28 检测 MST5151A 的工作电压

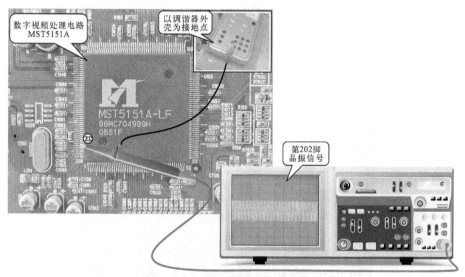

图 5-29 检测 MST5151A 的晶振信号

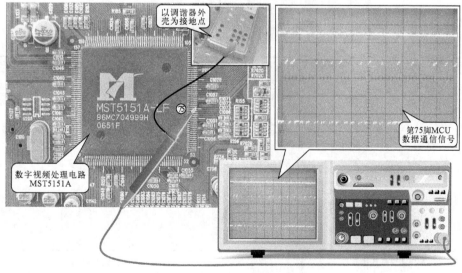

图 5-30 MST5151A⑦脚信号波形

若晶振信号不正常，则可能是由于 MST5151A 本身或外接晶体损坏造成的。可以用替换法来判断晶体的好坏，用同型号晶体进行代换，若更换后电路还是无法正常工作，在供电电压和输入信号都正常的情况下，若输出信号仍不正常，则可能 MST5151A 本身损坏。

除上述一些主要引脚外，在正常情况下，MST5151A 与图像存储器的接口部分（⑬脚～⑫脚、⑫脚～⑪脚、⑩脚、⑬脚），视频信号时钟输入端⑥脚等，也应能检测到相应的信号波形，如图 5-31 所示。

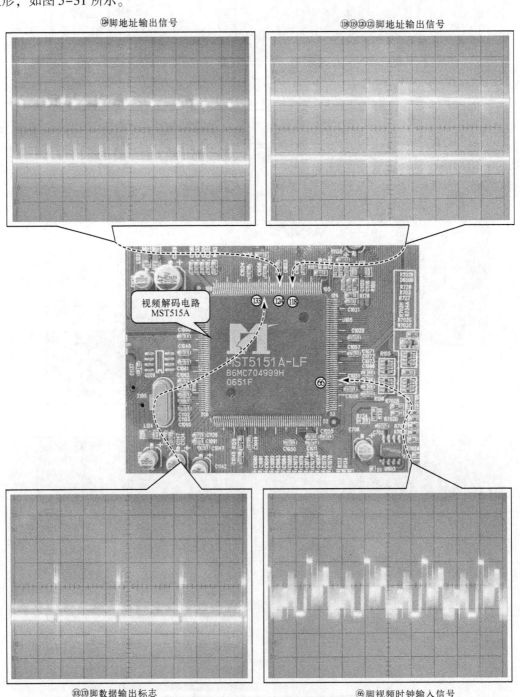

图 5-31　MST5151A 其他主要引脚的信号波形

3. 液晶屏驱动接口的检测

液晶屏驱动接口是数字板与液晶屏驱动电路连接的桥梁。根据维修经验，该数据线插接不良或损坏是液晶电视机出现故障较高的部位之一，当液晶屏显示不良或无图像时，可通过直接检测该引脚的信号波形来判断故障部位是在数字板还是液晶屏驱动电路板中。

如图5-32所示为该接口的实物外形，其引脚排列方向已标注图中。

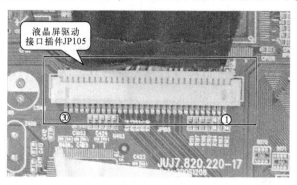

图5-32　液晶屏驱动接口实物外形

用示波器依次检测该屏线接口的主要引脚波形，如图5-33所示，若图中所示信号不正常则说明数字板的输出不正常，若该信号正常，且屏线接口插接良好，而液晶屏仍不能正常显示，则可能是屏线本身损坏或液晶屏驱动电路损坏。

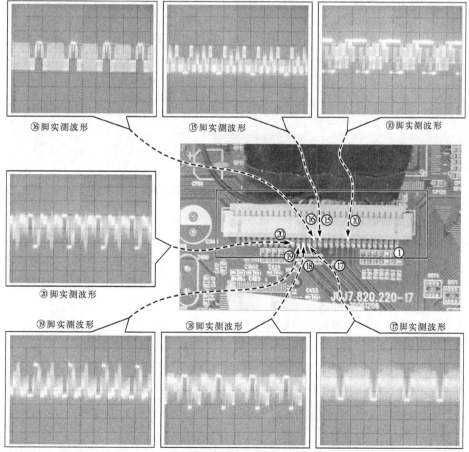

图5-33　液晶屏驱动接口的主要引脚信号波形

5.4　液晶屏驱动接口电路的基本结构和故障检修方法

液晶屏驱动接口电路是为液晶电视机的显示组件提供显示条件的电路部分，该电路有故障将导致电视机无法正常显示图像，读者应了解该电路的基本结构和基本检修流程，为进一步检修理清思路。

5.4.1　液晶屏驱动接口电路的基本结构和检修流程

如图5-34所示为长虹LT3788型液晶电视机的液晶屏驱动接口电路板。它是液晶显示板的驱动电路，来自解码电路或外部输入端子的视频信号经数字信号处理电路后形成驱动液晶显示屏的驱动信号，使液晶显示板显示出彩色图像。

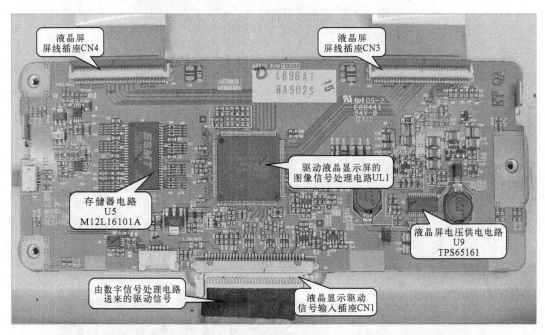

图5-34　长虹LT3788型液晶电视机的液晶屏驱动接口电路板

1. 液晶驱动接口电路的结构

（1）液晶显示驱动信号输入插座CN1

如图5-35所示为液晶电视机液晶显示驱动信号输入插座的实物外形，如图5-36所示为其电路原理图。该插座是液晶电视机的数字信号处理电路与液晶显示器之间的连接桥梁，通过该插座为液晶显示板组件提供驱动信号。

（2）驱动液晶显示屏的图像信号处理电路

图5-37所示为长虹LT3788型液晶电视机显示屏驱动接口电路中的图像信号处理电路。

由液晶电视机数字板送来的视频信号经插座CN1后，送入驱动液晶显示屏的图像信号处理电路。视频信号经该集成电路处理后分成对称的两路输出信号分别送到液晶显示屏的屏线插座CN3和CN4中，通过这两根屏线驱动液晶显示板显示出彩色图像。

（3）液晶屏电压供电电路

长虹LT3788型液晶电视机的液晶屏驱动接口电路中，有专门的液晶屏电压供电电路。

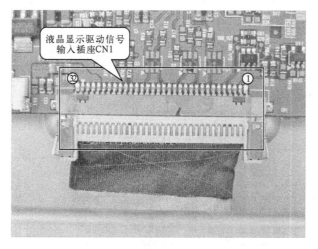

图 5-35　液晶显示驱动信号输入插座的实物外形

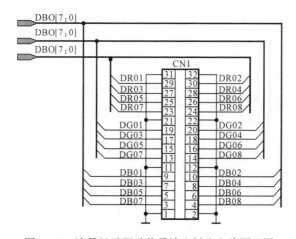

图 5-36　液晶显示驱动信号输入插座电路原理图

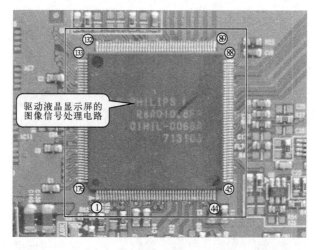

图 5-37　驱动液晶显示屏的图像信号处理电路

该电路的核心部分是一个开关电源变换集成电路（TPS65161），其电路结构如图5-38所示，TPS65161的实物外形和内部功能框图如图5-39和图5-40所示。

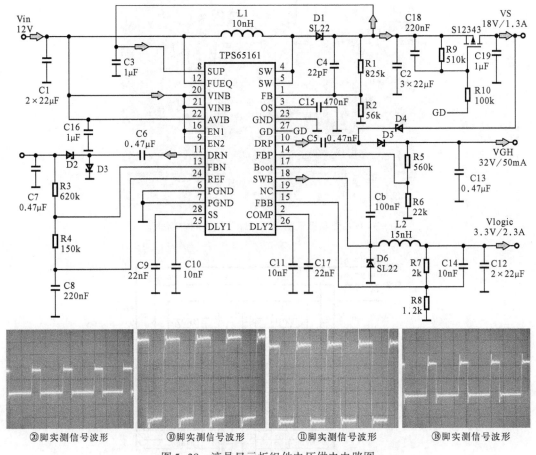

②脚实测信号波形　　⑩脚实测信号波形　　⑪脚实测信号波形　　⑱脚实测信号波形

图5-38　液晶显示板组件电压供电电路图

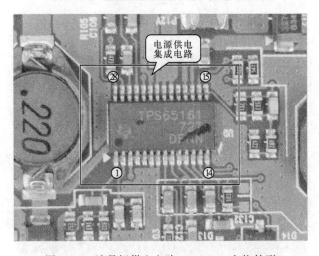

图5-39　液晶板供电电路TPS65161实物外形

电源供电的12V加到⑧脚、⑳脚、㉑脚、㉒脚，经L1加到集成电路的④脚、⑤脚，在IC内部经处理后由⑩脚输出脉宽信号，经整流滤波输出VGH电压（32V）、VS（18V）电压和3.3V逻辑电路的供电电压。此外根据需要还可以输出 −5V VGL电压。

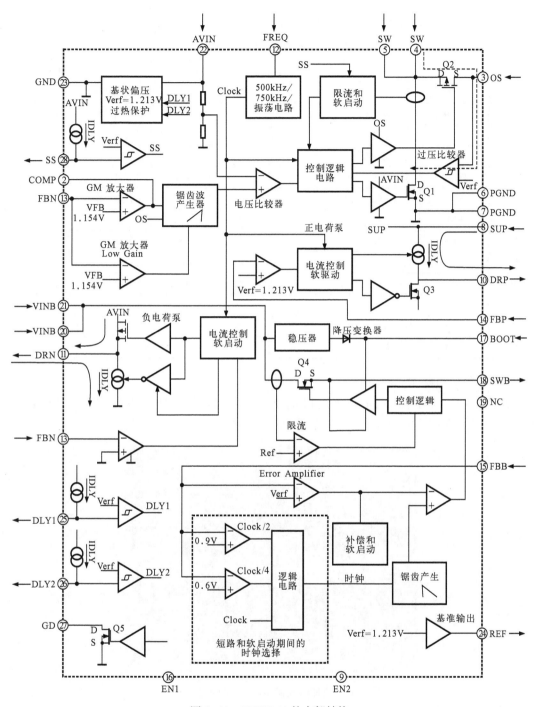

图 5-40　TPS65161 的内部结构

由其内部结构可知，该电路从整体上可理解为：

- 由⑳脚和㉑脚输入信号后，经集成电路内部处理后，经 Q4 开关管由其⑱脚输出脉冲信号。
- 由⑧脚输入信号后，经集成电路内部处理后，由其⑩脚输出相应的脉冲信号。
- 另外⑪脚与地之间形成回路，⑪脚输出脉冲信号，经整流后输出负压。

判断该电路是否正常可重点检测上述三路信号的实际参数。

表5-3 所列为该集成电路的各引脚功能。

表5-3　TPS65161 各引脚功能

引脚号	名　称	功　能	引脚号	名　称	功　能
①	FB	反馈端	⑯	EN1	使能控制端
②	COMP	补偿端	⑰	BOOT	驱动信号输出
③	OS	输出电压检测端	⑱	SWB	开关
④、⑤	SW	升压变压器开关	⑲	NC	空
⑥、⑦	PGND	地	⑳、㉑	VINB	电源供电
⑧	SUP	正电荷驱动电源供电端	㉒	AVIN	模拟电压输入
⑨	EN2	升压启动	㉓	GND	地
⑩	DRP	正电荷泵驱动端	㉔	REF	内基准输出
⑪	DRN	负电荷泵驱动端	㉕	DLY1	电容端
⑫	FREQ	频率调整端	㉖	DLY2	电容端
⑬	FBN	负反馈端	㉗	GD	驱动输出
⑭	FBP	反馈端	㉘	SS	软启动定时设置端
⑮	FBB	反馈端			

（4）存储器电路 M12L16101A

如图 5-41 所示为液晶驱动接口电路中图像信号处理电路外挂的存储器电路 M12L16101A，存储器的功能在第5章已详细介绍，这里不再重复。

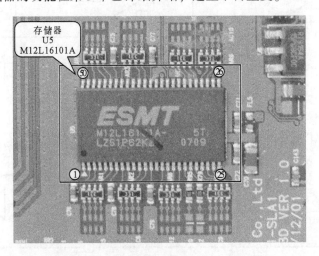

图5-41　存储器电路 M12L16101A 实物外形

2. 液晶屏驱动接口电路的故障检修流程

液晶屏驱动接口有故障，则会直接影响电视机图像的图像显示效果，从其功能上来说，该电路是一个信号输入、信号处理、信号输出的过程，因此若该电路有故障，可通过检测电路中关键器件输入输出端的信号进行判断。一般可按如下的检修流程检修。

（1）查输入信号是否正常

首先检查由数字信号处理电路送来的驱动信号是否正常，若该信号正常，则继续往下级电路进行检测；若该信号不正常，则故障可能是由前级的数字信号处理电路引起的，应先排除前级电路故障。

（2）查输出信号是否正常

当输入信号正常的前提下，检查与液晶屏组件连接的屏线输出的信号是否正常。若输入正常，而输出不正常，则故障可能出现在驱动接口电路中，应重点检测接口电路的工作条件、关键元件及屏线本身。

（3）查液晶屏供电电路

液晶屏供电电路是驱动接口电路正常工作的基本条件之一，若该电路不正常，则驱动信号无法送至液晶屏组件。若该供电电路正常，输入信号也正常的前提下，输出信号仍不正常，则应重点检测电路中的关键器件，如图像信号处理电路，该电路不正常会引起电视机黑屏的故障。

5.4.2　液晶屏驱动接口电路的检修方法

液晶屏驱动接口电路有故障，主要会影响液晶屏驱动信号（LVDS）的输出，因此该电路有故障主要表现为：液晶电视机无图像输出、图像异常、黑屏等。

检修液晶屏驱动接口电路时，可顺其信号流向，逐一检测关键器件的输入和输出信号，一般即可找到故障部位。

1. 液晶显示驱动信号输入的检测

液晶电视机正常工作时，接收电视节目信号或外部设备输入的音视频信号后，经数字信号处理电路进行解码、A/D 变换、格式变换等处理后，由线缆经插座 CN1 后将液晶屏驱动信号（LVDS）送入液晶屏驱动接口电路中。因此正常情况下，应能在插座中检测到视频信号，如图 5-42 所示，将示波器接地夹接地，探头依次接插座的各个引脚。

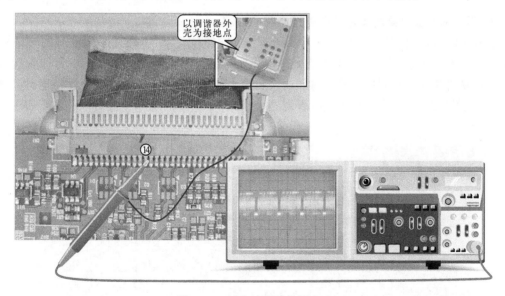

图 5-42　插座波形的检测方法

如图 5-43 所示为在正常状态下测得的插座 CN1 相关引脚的信号波形。

若实测中，上述信号波形不正常或无上述信号波形输出，则说明插座的前级电路有故障，应重点检查数字板及电视信号接收电路部分；若该信号正常，则顺信号流程检测接口电路中的驱动液晶显示屏的图像信号处理电路。

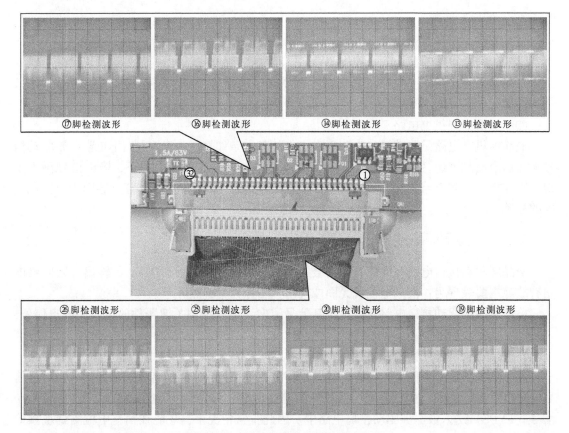

图 5-43　插座 CN1 各引脚的信号波形

2. 驱动液晶显示屏的图像信号处理电路的检测

长虹 LT3788 型液晶电视机的液晶屏驱动接口电路中，用于处理图像信号的集成电路 UL1（R8A01028FP）是一种多引脚超大规模集成电路，直接测量其引脚的信号通常比较困难，只能从外围元器件间接地检测它的输入和输出信号，图 5-44 中可以很清晰地看到其输入和输出信号的引脚。或者根据故障表现进行分析、推断，该集成电路有故障主要表现为黑屏无图像。

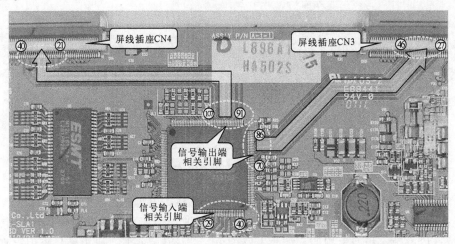

图 5-44　驱动液晶显示屏的图像信号处理电路的输入和输出引脚

由图 5-44 可知，该集成电路的㉙脚～㊵脚为信号输入端，⑦脚～㊻脚和㉒脚～⑩脚为其信号输出端。集成电路的输入端与插座 CN1 相连接，那么输入端各引脚的信号与插座 CN1 输出的信号基本相同，可参照图 5-42。

其输出端信号端的检测，则可以直接检测与液晶屏组件连接的屏线插座的引脚，如图 5-43 中 CN4 的㉑脚～㊵脚和 CN3 的㉗脚～㊻脚，检测时，将示波器接地夹接地，探头依次接触屏线插座的相关引脚，如图 5-45 所示（以测㉑脚为例）。

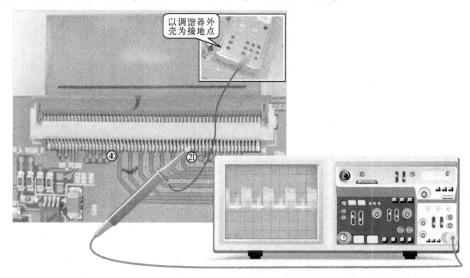

图 5-45　屏线插座引脚信号波形的检测

其他引脚的检测方法与上述方法相同，图 5-46 所示为正常状态下检测到插座 CN4 主要引脚的信号波形，图 5-47 所示为正常状态下实测插座 CN3 相关引脚的信号波形。

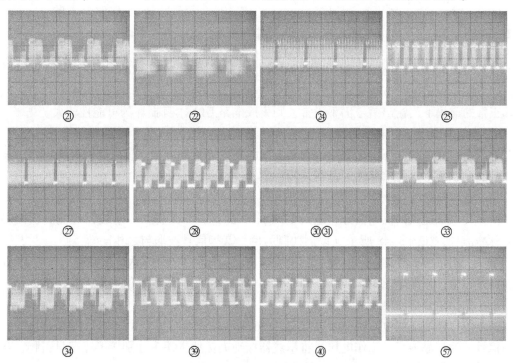

图 5-46　插座 CN4 相关引脚的信号波形

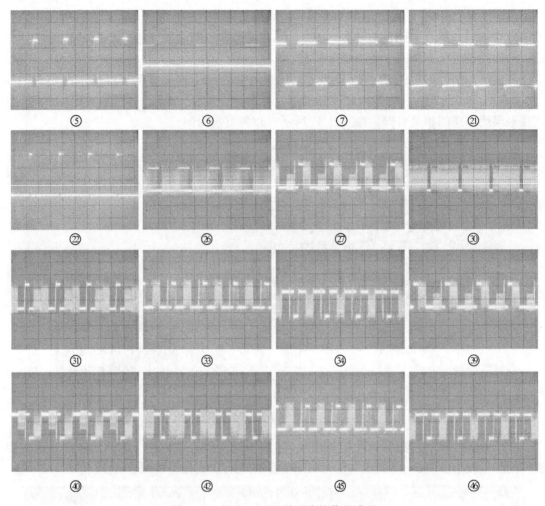

图 5-47　插座 CN3 相关引脚的信号波形

若上述检测中，插座 CN1 输入的信号波形正常，而检测 CN3 和 CN4 时无信号波形输出，则可能是集成电路 UL1（R8A01028FP）损坏，若其供电电压及与存储器接口的数据信号都正常的前提下，输出信号仍不正常，则集成电路 UL1 本身损坏的可能性较大。

3. 液晶屏电压供电电路的检测

根据前述液晶屏电压供电电路原理及集成电路内部结构可知，该电路的好坏可用示波器检测其输入和输出端的信号波形进行判断。

（1）输入信号的检测

由开关电源送来的供电信号，送入 TPS65161 的⑳脚、㉑脚，用示波器检测到这两脚信号为脉冲信号，如图 5-48 所示（以测⑳脚为例，㉑脚信号波形与之相同）。

接着，用万用表检测⑳脚、㉑脚的平均电压值，如图 5-49 所示，实测电压值为 13.5V。若检修过程中，检测电压偏差较大，则应顺信号流程检测前级供电信号输入电路部分。

（2）输出信号的检测

供电信号经液晶屏电压供电集成电路 TPS65161 处理后，分别由⑩脚、⑳脚、㉑脚输出脉冲信号，为液晶屏提供工作电压。将示波器接地夹接地，探头分别接上述三只引脚，观察示波器显示屏显示波形，如图 5-50 所示。

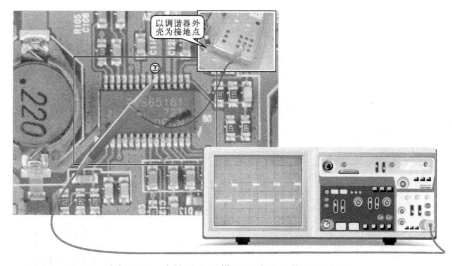

图 5-48　液晶屏电压供电电路输入信号的检测

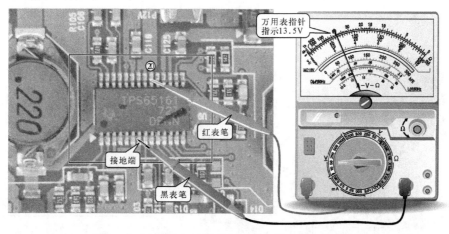

图 5-49　液晶屏电压供电电路输入信号电压值的检测

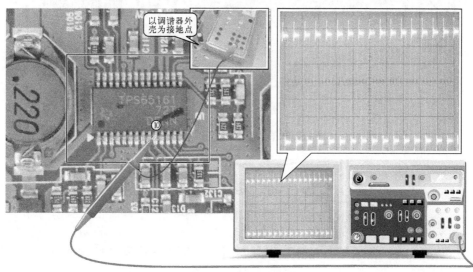

（a）⑩脚输出信号的检测波形

图 5-50　液晶屏电压供电电路输出信号的检测

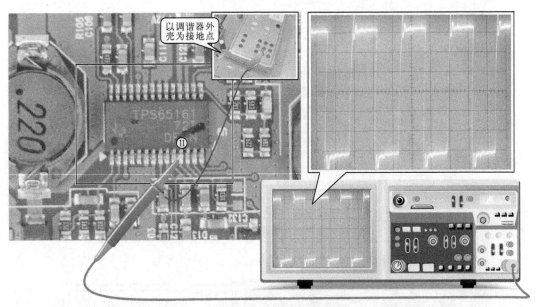

（b）⑪脚输出信号的检测波形

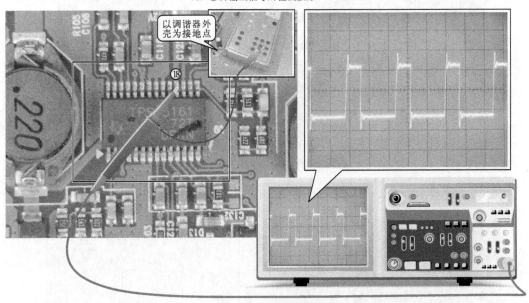

（c）⑱脚输出信号的检测波形

图 5-50　液晶屏电压供电电路输出信号的检测（续）

一、判断题

1. 视频解码电路 TB1274AF 是将模拟视频信号经数字解码处理后变成数字视频信号。
（　　）

2. 数字视频信号处理芯片 MST5151A 是一种数字图像信号处理电路。（　　）

3. 数字视频信号处理芯片 MST5151A 不仅可处理数字视频信号，而且可接收和处理多种规格的模拟视频信号。(　　)

4. MST5151A 还可以处理数字音频信号。(　　)

5. MST5151A 在工作时需要图像数据存储器配和工作。(　　)

6. 检测液晶电视机的数字视频处理电路的信号波形，应在收视电视节目或标准信号的条件下。(　　)

二、简答题

1. 请简述 LC－TM2718 液晶电视机伴音信号的处理过程。

2. 视频解码电路 VPC3230D 的主要功能是什么？

3. A/D 转换器 AD9883A 的功能是什么？

4. 简述 MST5151A 芯片的功能。

5. 判别视频解码电路 SAA7117AH 是否工作正常应检查哪些项目？

第6章　音频处理电路的结构和检修方法

6.1　音频信号处理电路的基本结构和检修方法

音频信号处理电路是用来处理等离子电视机中声音信号的关键部位，来自调谐器、AV接口、VGA接口等部位的音频信号首先进入音频信号处理电路进行处理和放大，用来推动扬声器发声。

6.1.1　音频信号处理电路的基本结构和工作原理

典型的等离子电视机中的音频信号处理电路主要是由音频信号处理集成电路和音频功率放大电路组成的，下面以长虹PT4206型等离子电视机为例来介绍一下它们的基本结构和电路分析，该机采用的是PP06型机芯。

如图6-1所示为PT4206型等离子电视机音频信号处理电路的外形图，由图可知，由调

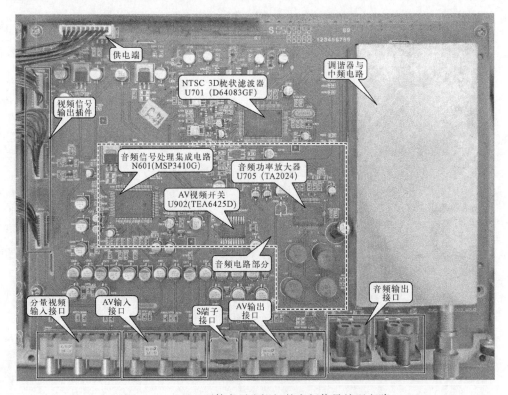

图6-1　PT4206型等离子电视机的音频信号处理电路

谐器、AV 接口、S 端子等接口送来的音频信号首先进入音频信号处理集成电路 N601
（MSP3410G）中进行第二伴音中频解调处理、音频切换和数字处理，处理后的音频信号送
往音频功率放大器 U705（TA2024）进行放大，然后推动扬声器发声。如图 6-2 所示为音频
信号处理电路的工作流程图。

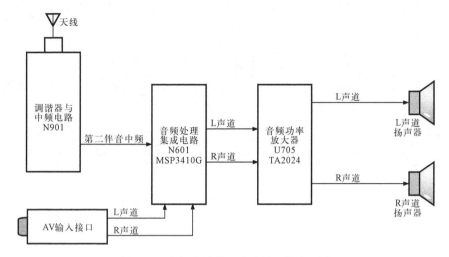

图 6-2 音频信号处理电路的工作流程图

1. 调谐器电路

该机的调谐器 N901 中集成了调谐器和中频电路，天线信号或有线电视的射频信号首先
送到调谐器电路中，在调谐器内部进行高频放大、混频、本机振荡等处理后，送往中频电路
将视频信号和音频进行分离，由 N901 的⑨脚输出第二伴音中频信号，⑩脚输出视频信号，
由⑪脚输出音频信号，如图 6-3 所示为 PT4206 的调谐器电路外形和内部功能图，如图 6-4
所示为 PT4206 的调谐器电路图。

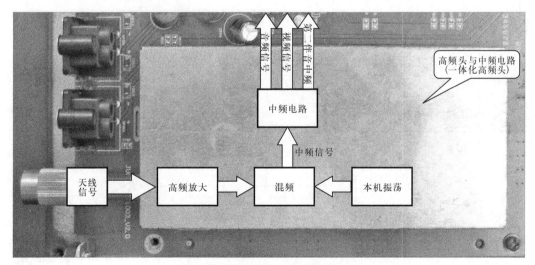

（a）一体化高频头的外形和内部功能图

图 6-3 PT4206 的调谐器电路的外形和内部功能图

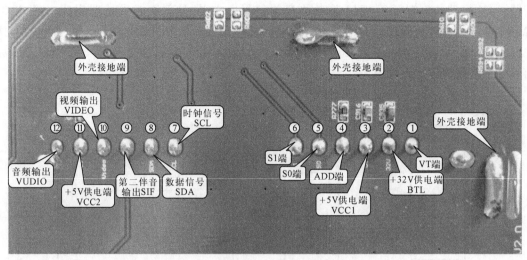

（b）一体化高频头的背面引脚图

图 6-3　PT4206 的调谐器电路的外形和内部功能图（续）

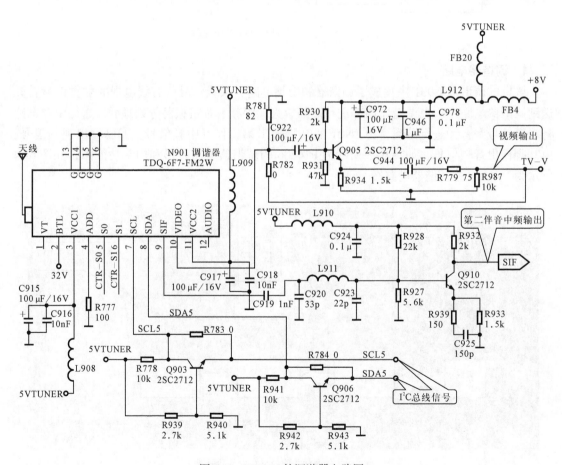

图 6-4　PT4206 的调谐器电路图

2. AV 输入接口

PT4206 中的 AV 输入接口 XP802 如图 6-5 所示，如图 6-6 所示为 AV 输入接口的电路图。一般情况下等离子电视机的 AV 输入接口都可以用颜色来标识，黄色为视频信号输入端口，白色为左声道音频信号输入接口，红色为右声道音频信号输入接口。

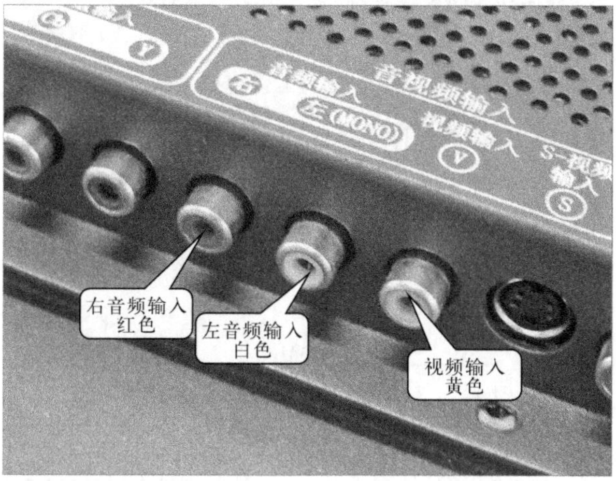

图 6-5　PT4206 中的 AV 输入接口 XP802

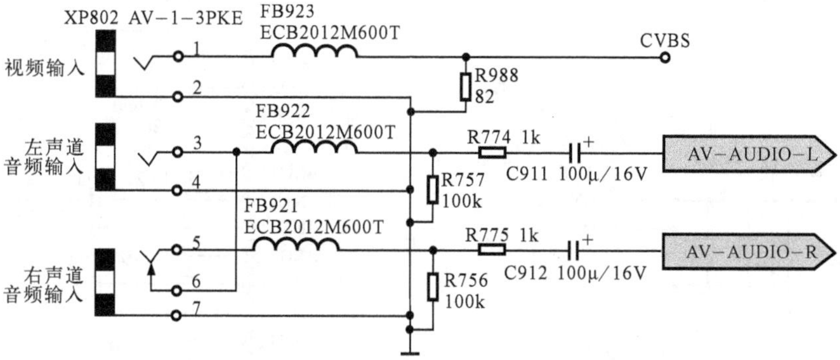

图 6-6　PT4206 中 AV 输入接口的电路图

3. 音频信号处理集成电路

PT4206 型等离子电视机中采用的音频信号处理集成电路为 MSP3410G，其外形如图 6-7 所示，与之对应的电路图如图 6-8 所示。其引脚功能见表 6-1，表中未列出的引脚为空脚。

由 MSP3410G 的(67)脚输入的伴音中频信号经内部电路进行解调，将伴音音频信号从载波中解调出来，在与外部输入的音频信号进行切换，然后进行数字音频处理，再经 D/A 转换器转换成为模拟音频信号。此外 MSP3410G 的㊼脚与㊽脚、㊿脚与(51)脚、(53)脚与(54)脚、(56)脚与(57)脚还可以接收 4 组 8 路音频信号，经 MSP3410G 处理后输出模拟音频信号。

图 6-7　音频信号处理集成电路 MSP3410G 的外形图

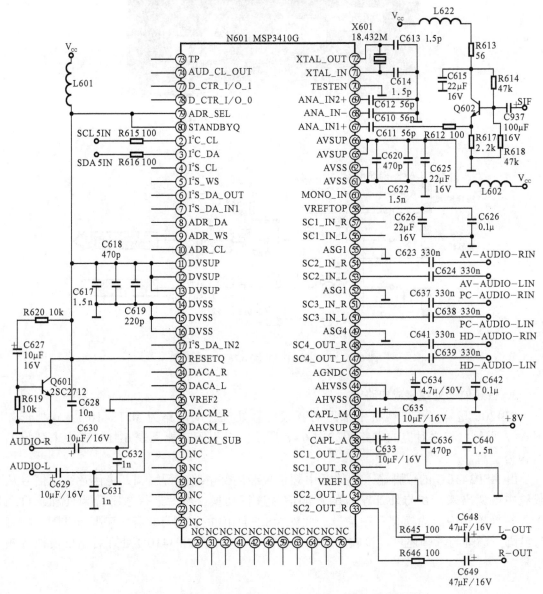

图 6-8　音频信号处理集成电路 MSP3410G 及外围电路图

表 6-1 音频信号处理集成电路 MSP3410G 各引脚的功能

引脚号	引脚标识	引脚功能	引脚号	引脚标识	引脚功能
②	I^2C_CL	I^2C 总线时钟	㊹	HAVSS	模拟地
③	I^2C_DA	I^2C 总线数据	㊺	AGNDC	模拟参考电压
④	I^2S_CL	I^2S 时钟	㊼	SC4_OUT_L	左通道 SCART 输出
⑤	I^2C_WS	I^2S 字选通脉冲	㊽	SC4_OUT_R	右声道 SCART 输出
⑥	I^2S_DA_OUT	I^2S 数据输出	㊾	ASG4	模拟屏蔽地
⑦	I^2S_DA_IN1	I^2S 数据输入	㊿	SC3_IN_L	左通道 SCART 输入
⑧	ADR_DA	ADR 数据输出	(51)	SC3_IN_R	右声道 SCART 输入
⑨	ADR_WS	ADR 字选通脉冲	(52)	ASG1	模拟屏蔽地
⑩	ADR_CL	ADR 时钟	(53)	SC2_IN_L	左通道 SCART 输入
⑪	DVSUP	数字电源（5V）	(54)	SC2_IN_R	右声道 SCART 输入
⑫	DVSUP	数字电源（5V）	(55)	ASG1	模拟屏蔽地
⑬	DVSUP	数字电源（5V）	(56)	SC1_IN_L	左通道 SCART 输入
⑭	DVSS	数字地	(57)	SC1_IN_R	右声道 SCART 输入
⑮	DVSS	数字地	(58)	VREFTOP	参考电压中频 A/D 转换
⑯	DVSS	数字地	(60)	MONO_IN	单声道信号输入
⑰	I^2S_DA_IN2	I^2S 数据输入	(61)	AVSS	模拟地
㉑	RESETQ	上电复位	(62)	AVSS	模拟地
㉔	DACA_R	右声道扬声器输出	(65)	AVSUP	模拟电源（5V）
㉕	DACA_L	左声道扬声器输出	(66)	AVSUP	模拟电源（5V）
㉖	VREF2	参考地	(67)	ANA_IN1+	中频信号输入
㉗	DACM_R	右声道扬声器输出	(68)	ANA_IN-	中频信号公共端
㉘	DACM_L	左声道扬声器输出	(69)	ANA_IN2+	中频信号输入
㉚	DACM_SUB	扬声器输出	(70)	TESTEN	测试
㉝	SC2_OUT_R	右声道 SCART 输出	(71)	XTAL_IN	振荡器输入
㉞	SC2_OUT_L	左声道 SCART 输出	(72)	XTAL_OUT	振荡器输出
㉟	VREF1	参考地	(73)	TP	测试
㊱	SC1_OUT_R	右声道 SCART 输出	(74)	AUD_CL_OUT	音频时钟输出
㊲	SC1_OUT_L	左声道 SCART 输出	(77)	D_CTR_I/O_1	数字控制输入/输出
㊳	CAPL_A	外接音量电容器	(78)	D_CTR_I/O_0	数字控制输入/输出
㊴	AHVSUP	模拟电源（8V）	(79)	ADR_SEL	I^2C 总线地址选择
㊵	CAPL_M	接主音量电容器	(80)	STANDBYQ	待机控制（低态有效）
㊸	HAVSS	模拟地			

经 MSP3410G 处理后的模拟音频由多路输出，其中㉝脚与㉞脚、㊱脚与㊲脚输出两组 4 路音频信号；㉔脚与㉕脚输出的 R、L 音频信号经耳机放大器放大后输出立体声信号驱动耳机，该机并无此功能，所以这两个引脚悬空；㉗脚与㉘脚输出的模拟信号信号被直接送往音频功率放大器 TA2024 中，经放大处理后驱动扬声器发声。

4. 音频功率放大器

如图 6-9 所示为 PT4206 型等离子电视机的音频功率放大器 U705（TA2024）的外形，其电路和功能与长虹 LT3788 液晶彩色电视机中的音频功率放大器基本相同，此处不再赘述。

由 MSP3410G 送来的左右音频信号分别进入 TA2024 的⑪脚与⑮脚，经内部电路进行放大，然后分别由㉔脚与㉗脚、㉘脚与㉛脚输出双路音频信号，然后送往音频输出接口，来推动外接扬声器发声。

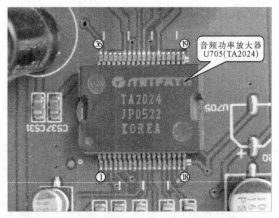

图6-9　音频功率放大器 TA2024 的外形图

6.1.2　音频信号处理电路的故障检修方法

音频信号处理电路损坏，可造成等离子电视机无法正常发出声音，这时应根据等离子电视机的故障现象进行分析，若排除调谐器和 AV 输入接口的故障，则需要对音频信号处理电路进行检修，在检修时，可以遵循一定的检修原则，下面以 PT4206 型等离子电视机为例来介绍一下音频信号处理电路的故障检修流程，如图6-10 所示。

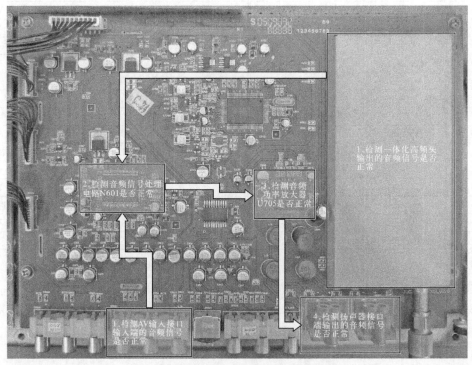

图6-10　音频信号处理电路的故障检修流程

等离子电视机若无法正常发出声音，则可首先对调谐器和 AV 输入接口进行检测，确认输入的音频信号是否正常，若正常，则证明前级电路没有故障，则应继续检测音频信号处理电路中的集成电路或阻容元件是否存在故障。

首先检测音频信号处理集成电路 MSP3410G 的输入端，若输入的信号正常，则要检测输出端的音频信号是否正常，若输入正常而输出不正常，则应对 MSP3410G 的供电以及本身进行检测，若输出信号正常，则应检测音频功率放大器 TA2024。

　　TA2024 为音频功率放大器，主要用来把音频信号进行放大，若输入端的音频信号正常，则可检测放大后的音频信号，同时对检测的结果进行判断，若输出不正常，则应检测 TA2024 是否存在故障或供电是否正常。若音频功率放大器 TA2024 输出的音频信号正常，等离子电视机还是无法正常发出声音，则可能是由于输出接口、相关的元件或扬声器损坏造成的。

6.2　音频信号处理电路的故障检修方法

　　音频信号处理电路是等离子电视机中处理音频信号的重要部位，若发生故障，则会造成等离子电视机的声音失常，这时就需要根据音频信号处理电路的故障表现，对其进行实际的检修。

6.2.1　音频信号处理电路的故障表现

　　音频信号处理电路若出现故障，则往往会表现为有图像无伴音、声音小或声音失常等情况，如有过载的情况还可能引起电视机保护。

6.2.2　音频系统单元电路的检测方法

　　若音频信号处理电路出现故障，则需要对音频信号处理电路的故障部位进行判断，对于音频信号处理电路的检测，可以从检测输入的信号、音频信号处理集成电路和音频功率放大电路三个方面入手，主要是检测其信号波形和供电电压来确定故障部位，从而排除故障。

　1. 调谐器的检测方法

　　PT4206 型等离子电视机的调谐器 N901 中集成了调谐器和中频电路，所以又称为一体化高频头，在收视状态调谐器可以直接由⑩脚输出视频信号，由⑨脚输出第二伴音中频信号。使等离子电视机处于正常的工作状态，将天线接到调谐器的射频信号输入插口，调整电视机使之接收某一频道，显示屏出现电视节目。在这种条件下，用示波器检测调谐器的⑨脚，正常时，应有第二伴音中频信号输出，如图 6-11 所示。

　　具体实物检测的方法及波形如图 6-12 所示。

　　如调谐不到电视节目，图像和伴音均不正常，则需要对调谐器的供电电压进行检测，该调谐器的③脚和⑪脚为 +5V 电压输入端，②脚位 +32V 供电电压端，首先对 +5V 供电电压进行检测，将万用表调至直流 10V 挡，用黑表笔接地端，用红表笔接触供电脚（以③脚为例），可以检测出 +5V 的供电电压，如图 6-13 所示。

　　具体实物检测的部位如图 6-14 所示。检测 +32V 的供电电压方法同 +5V 的检测方法相同，只要将万用表调至直流 50V 挡即可。

　　若调谐器的输入和供电电压都正常，调谐器输出的第二伴音中频信号还是不正常，则可能是调谐器已经损坏。该机为一体化高频头，若损坏，则应整体进行更换。

　2. AV 输入接口的检测方法

　　在用视盘机为等离子电视机输入音视频信号时，若 AV 输入接口损坏，也可能会造成等离子电视机无法正常发出声音，此时就应该对 AV 输入接口进行检测，其检测方法比较简单，可对 AV 输入接口输入标准的音视频信号，然后检测 AV 输入接口输出端的音频信号波形，如图 6-15 所示。

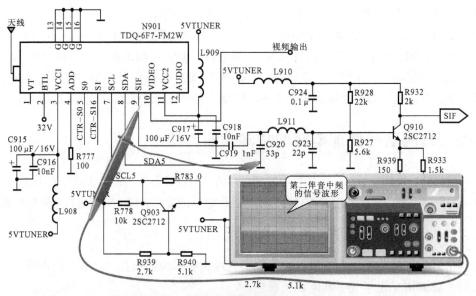

图6-11　检测调谐器输出的第二伴音中频

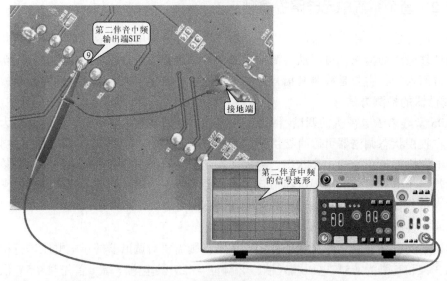

图6-12　检测实物调谐器输出的第二伴音中频

具体实物检测的部位和波形如图6-16所示。

若外部信号源（视盘机等）输入的音视频信号正常，应根据AV输入接口电路顺信号流程进行检修（分别查两个声道），如某点信号失常，则相关的元器件可能有故障。

3．音频信号处理集成电路的检测方法

音频信号处理集成电路MSP3410G是处理音频信号的关键部位，由高频头输出的第二伴音中频信号和AV输入接口输出的音频信号首先被送往MSP3410G中进行处理，然后输出模拟音频信号。

检测MSP3410G时，可使等离子电视机工作在AV状态，用视盘机为AV输入接口输入1kHz的音频信号，然后检测MSP3410G的53脚与54脚输入的音频信号，如图6-17所示。

具体实物检测的部位和波形如图6-18所示。

若输入的音频信号正常，则可检测由27脚与28脚输出的模拟音频信号是否正常，其检测部位和波形如图6-19所示。

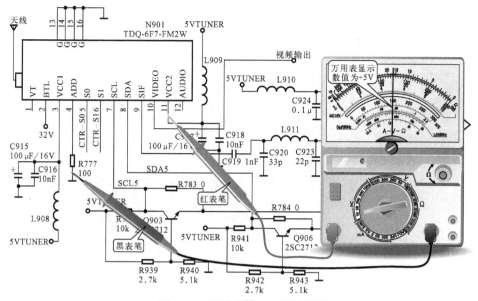

图 6-13 调谐器供电电压的检测

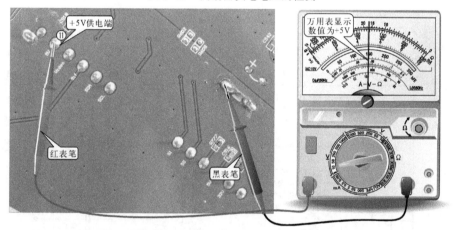

图 6-14 检测实物调谐器的供电电压

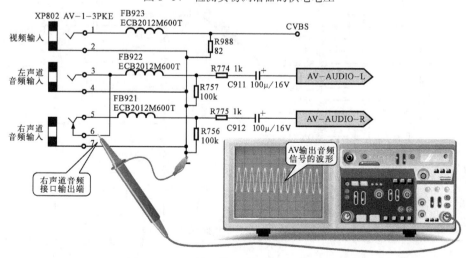

图 6-15 AV 输入接口音频信号波形的检测

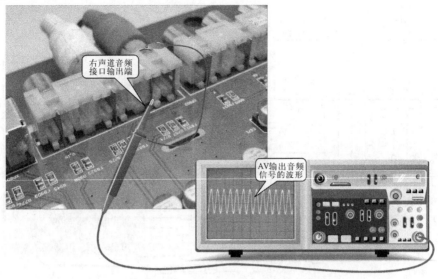

图 6-16　检测实物 AV 输入接口音频信号的波形

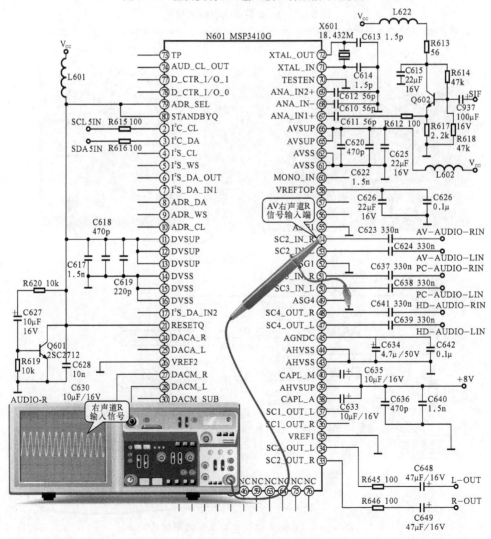

图 6-17　检测 MSP3410G 输入的音频信号

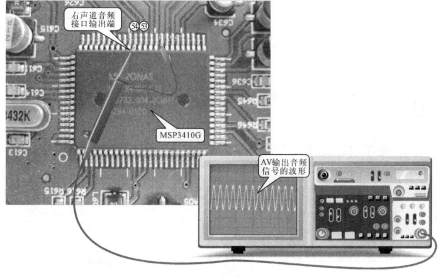

图 6-18 检测实物 MSP3410G 输入的音频信号波形

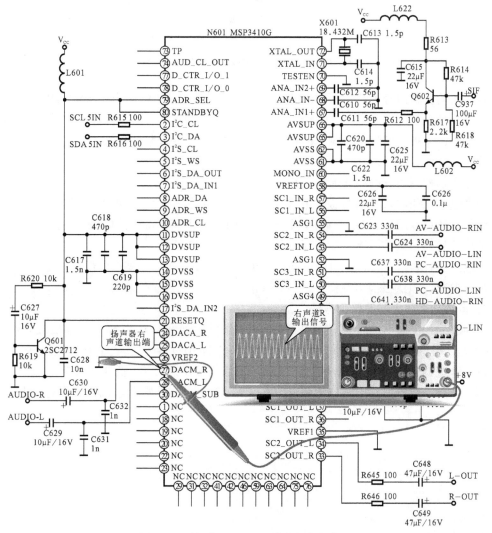

图 6-19 检测 MSP3410G 输出的音频信号

具体实物检测的部位和波形如图 6-20 所示。

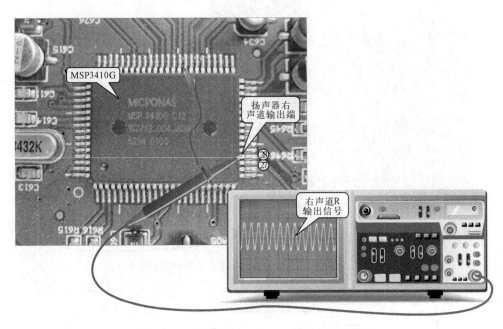

图 6-20　检测实物 MSP3410G 输出的音频信号

若输入的音频信号正常，而输出的音频信号不正常，则可能是由于 MSP3410G 本身或供电不正常造成的，首先检测 MSP3410G 的供电电压，如图 6-21 所示。MSP3410G 的⑪脚、⑫脚、⑬脚、⑥⑤脚、⑥⑥脚、⑦⑨脚、⑧⓪脚为 +5V 供电端，㊳脚为 +8V 电压供电端，其检测方法相同。

具体实物检测的方法和波形如图 6-22 所示。

若供电电压和输入的信号波形正常，而输出的波形不正常，可怀疑 MSP3410G 已经损坏。此外，还可以用检测 MSP3410G 关键引脚波形的方法来判断它的好坏，其中包括时钟信号、数据信号及晶振信号等，检测部位和波形如图 6-23 所示。

若输出的音频信号正常，可以证明前级电路基本没有故障，其故障部位可能在音频功率放大器 TA2024，则应继续检测。

4. 音频功率放大器的检测方法

若 MSP3410G 输出的音频信号正常，则应继续检测音频功率放大器 TA2024 的好坏，TA2024 是一种数字功率放大器，模拟音频信号在 TA2024 中变成数字脉冲信号进行放大，然后输出脉宽调制的信号，如图 6-24 所示。该信号输出后经 LC 低通滤波后变成模拟音频信号再去驱动扬声器。其检测方法和电路在长虹 LT3788 液晶彩色电视机中讲过，此处不再赘述。

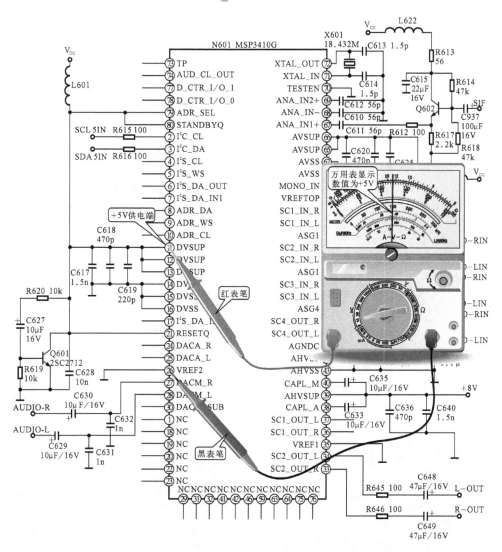

图 6-21　MSP3410G 供电电压的检测

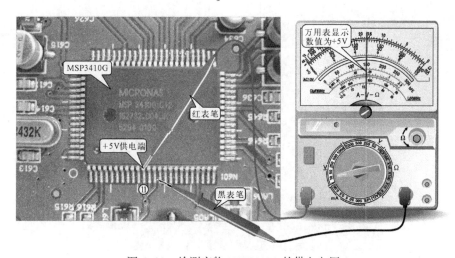

图 6-22　检测实物 MSP3410G 的供电电压

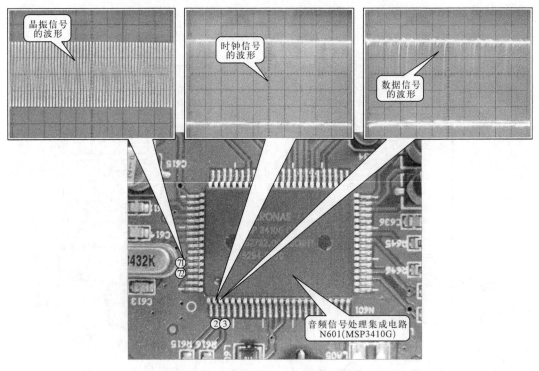

图 6-23　MSP3410G 关键引脚的波形

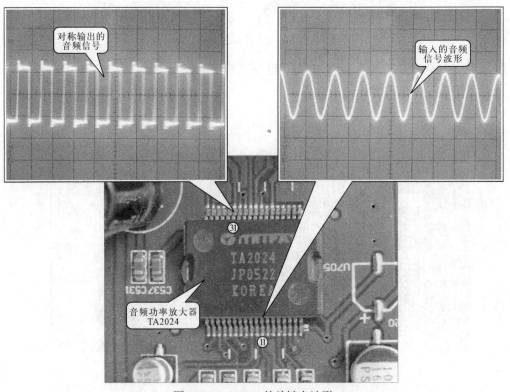

图 6-24　TA2024 的关键点波形

习　题　6

一、判断题

1. 调谐器电路是伴音和图像信号的公共通道。（　　　）

2. 音频信号处理电路 MSP3410G 可以处理多路音频信号和第二伴音信号。（　　　）

3. 数字音频功率放大器 TA2024 输入的是模拟音频信号，输出引脚的信号是脉冲信号，最后经滤波后送给扬声器端子的信号是模拟音频信号。（　　　）

4. MSP3410G 芯片也可以处理视频图像信号。（　　　）

二、简答题

1. 如何判别音频信号处理电路 MSP3410G 是否工作正常？

2. 判别音频功率放大器是否有故障常使用哪种仪表？

第7章　系统控制电路的基本结构和检修方法

7.1　系统控制电路的结构特点和工作原理

7.1.1　系统控制电路的结构特点

系统控制电路是整个电视机的控制核心，它是以微处理器为核心的自动控制电路，工作时，微处理器接收本机按键或遥控发射器的控制指令，然后根据内部程序对其他电路进行控制。微处理器的型号很多，外形封装和内部电路都有一定的差别，在平板电视机中，有些微处理器芯片是独立的，还有些微处理器电路与数字图像信号处理电路集成在一个芯片中。

7.1.2　系统控制电路的结构和工作原理

系统控制电路是整个电视机的控制核心，整机动作都是由该电路输出控制指令进行控制的。同时对电视机的各部分进行检测，一旦出现异常便会进行停机保护。

在液晶电视机中，系统控制电路是以微处理器（CPU）为核心的控制电路，不同机芯和型号的液晶电视机中采用的微处理器集成电路芯片也不一样，常见的集成芯片主要有PIC16F72、MM502等，还有些机型中微处理器与数字信号处理电路集成在一起。

下面以长虹 LT3788 液晶电视机中的微处理器 MM502 为例介绍其控制过程。

如图 7-1 所示为长虹 LT3788 液晶电视机的系统控制电路，该电路主要是由微处理器

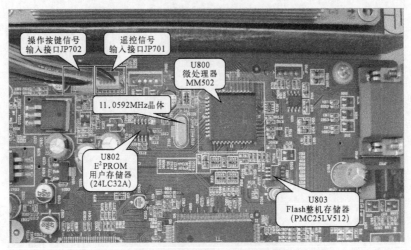

图 7-1　长虹 LT3788 液晶电视机的系统控制电路

U800（MM502）、11.0592MHz 晶体、用户存储器 U802（24LC32A）、Flash 整机存储器 U803（PMC25LV512）和遥控信号输入接口电路等构成的。

该电路的控制信息几乎都是由微处理器 U800（MM502）进行输出的。MM502 是一种目前专门为液晶显示器、电视机等产品开发的大规模集成微处理器，该集成电路内置 8051 内核、128KB 的可编程 FlashROM，且可为其他 IC 提供时钟信号，功耗低，具有数字输入信号和 DVI 信号等接口。该集成电路各引脚功能见表 7-1。

表 7-1　微处理器 MM502 各引脚功能

引　脚　号	名　　称	引脚功能	引　脚　号	名　　称	引脚功能
①	DA2（LED R）	待机红灯控制	㉚	P6.4（BKLON）	背灯开关端口
②	DA1（LED G）	开机绿灯控制	㉛	P6.5（STANDBY）	开机电源打开端口
③	DA0（ALE）	MCU 总线 ALE	㉜	P6.6（SPISI）	DDC 数据输入端口
④	VDD3	3.3V 内核供电	㉝	P6.7（SPICE#）	Flash 使能端口
⑤⑥	HSDA2/HSCL2	I^2C 总线 2 的数据/时钟信号	㉔	P1.6（SPISO）	DDC 数据输出端口
⑦	RST	IC 复位端	㉕	P1.7（SPISCK）	DDC 时钟输入端口
⑧	VDD	+5V 供电端	⑰⑱⑳㉑	P1.0～P1.3（BUD0～BUD3）	DDR 总线输出信号
⑩	VSS	地	㉒	P1.4（WRZ）	MCU 总线 WRZ
⑪⑫	X2、X1	晶振端口	㉓	P1.5（RDZ）	MCU 总线 RDZ
⑬	ISDA	主 I^2C 总线数据输入/输出	㉞	DA6（RST MST）	主 IC（MST5151A）复位控制信号输出
⑭	ISCL	主 I^2C 总线时钟信号输出	㉟	DA7（RSTn）	解码器（SAA7117AH）复位控制信号输出
⑨	P6.3（DPF Ctrl）	DPF 制式打开端口	㊱	P4.0（H PLUG）	HDMI 制式打开端口
⑮	P4.2（P EN）	上屏电压控制端	㊲	P4.1（PLUG VGA）	VGA 制式打开端口
⑯	P6.2（DPF－IR）	DPF 遥控信号输出端口	㊳㊴	DA8（A－SW0） DA9（A－SW1）	音频选择输出信号
⑲	MIR	遥控输入信号	㊵	DA5（MUTE）	静音控制信号
㉖㉗	P6.0（KEY1） P6.1（KEY0）	按键输入信号	㊶㊷	MT SW0，1	主调谐器控制信号
㉘㉙	MRXD，MTXD	程序读写端口	㊸㊹	PT SW0，1	子调谐器控制信号

微处理器各控制端口功能如图 7-2 所示。

1. 指示灯控制电路

U800 的①脚、②脚为指示灯控制端，其中①脚为绿色指示灯控制，②脚为红色指示灯控制。微处理器 U800 的①脚、②脚、外围元器件及遥控接收电路等构成指示灯控制电路，如图 7-3 所示。

该电路中，当电视机处理待机状态时，②脚输出 3.3V 高电平，①脚输出 0V 低电平，通过 Q700、Q701 放大，JP701 的②脚控制红色指示灯点亮，JP701③脚绿色指示灯不亮；当按下开机键或遥控开机时，②脚输出 0V 低电平，①脚输出 3.3V 高电平，此时红色指示灯熄灭，绿色指示灯被点亮。

注意：利用指示灯的工作状态，判断电视机的故障范围是在进行检修时快速查找故障点的捷径之一，如：当电视机不开机或黑屏时，若指示灯不亮，则可能为电源电路不正常或负载严重短路；若红色指示灯亮，开启电视机时绿色指示灯不能点亮或红绿指示灯交替不停闪

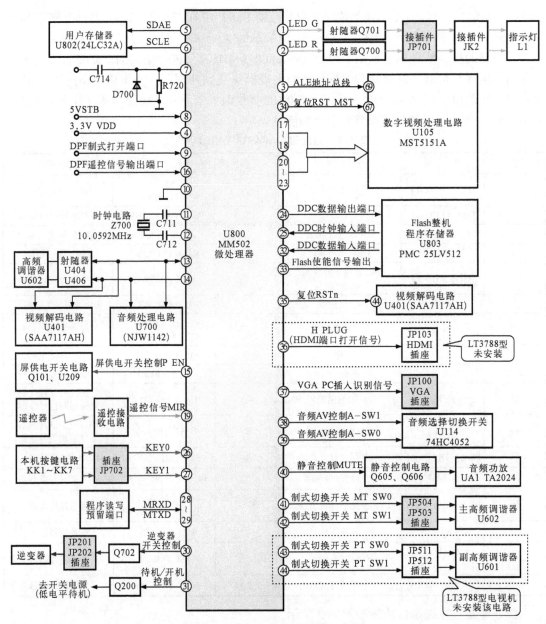

图7-2　微处理器各控制端口功能

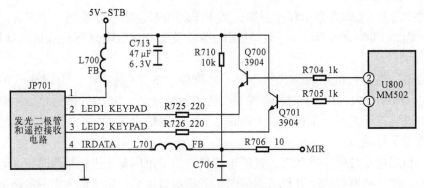

图7-3　指示灯控制电路

烁等，说明系统控制电路工作不正常；若开启电视机后绿色指示灯能够被点亮，但屏幕为黑屏，则应查电源输出是否正常、液晶屏驱动信号是否正常、逆变器及其开启控制是否正常、液晶屏本身是否正常等，依次排查即可找到故障部位。

2. 键控信号输入电路

如图 7-4 所示为由 U800 控制的键控信号输入电路，该电路主要是由微处理器 U800 的㉖脚、㉗脚及操作键盘等构成的。

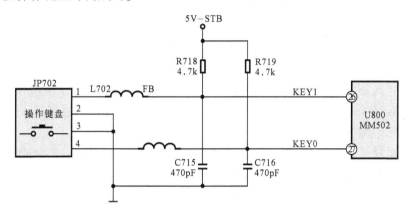

图 7-4　键控信号输入电路

该电路用于完成电视机的音量 +／-、节目 +／-、菜单、开/待机和 AV/TV 切换控制。

3. 液晶屏电源控制电路

微处理器 U800（MM502）的⑮脚为液晶屏电源控制端，该控制电路结构如图 7-5 所示。

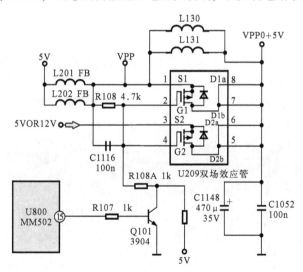

图 7-5　屏电源控制电路结构

双场效应管 U209 的③脚输入 5V 或 12V 电压，①脚输入 5V，U209 的⑤脚 ~⑧脚输出 5V 电压。当电视机待机时 U800 的⑮脚输出高电平 4.8V，Q101 导通，场效应管截止；当电视机开机时 U800 的⑮脚输出低电平，Q101 截止，场效应管导通。

4. 逆变器开关控制电路

微处理器 U800（MM502）的㉚脚为逆变器开关控制端，该控制电路结构如图 7-6 所示。

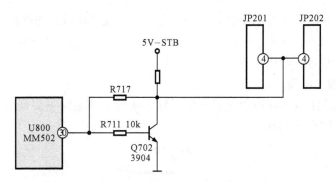

图 7-6　逆变器控制电路结构

当电视机进入开机状态时，微处理器 U800（MM502）的㉚脚输出低电平，经 Q702 反相放大后输出到逆变器驱动信号插座 JP201 及 JP202 的④脚，驱动逆变器进入工作状态，将 24V 电压变成几千赫兹的交流电压，为背光灯供电，液晶屏被点亮。

注意：当电视机背光灯不亮时，应重点检查 U800 的㉚脚是否输出正常的逆变器开启控制信号。若当㉚脚输出低电平时，背光灯仍不能点亮，则需要检查 Q702 是否损坏，5V 供电电压是否正常，逆变器驱动信号插座 JP201、JP202 是否插接牢固等；若开机后 U800 的㉚脚输出高电平，则说明逆变器开关控制信号不正常，应重点查微处理器及相关电路部分。

7.1.3　系统控制电路的故障检修要点

系统控制电路是接收遥控/人工按键指令、输出控制信号的电路部分，该电路有故障将导致整机无法正常工作。

对系统控制电路的检修一般主要检测几个关键引脚的电压或信号波形即可，主要检修要点如下。

- 检查晶振端口的信号波形。正常时应有标准的正弦信号波形，如图 7-7 所示为长虹 LT3788（LS10 机芯）型液晶彩色电视机的晶振端口（⑪脚和⑫脚）信号波形，该晶体振荡器频率为 11.0592MHz，不同频率的晶体振荡器其输出信号波形的频率有所不同。

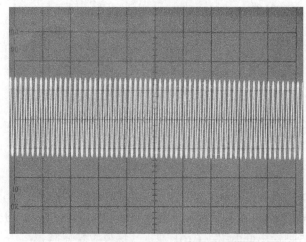

图 7-7　微处理器（MM502）晶振端口信号波形

- 检查电源供电电压是否正常（MM502 的⑧脚，+5V 供电）。
- 检查复位端信号是否正常（MM502 的⑦脚）。

● 操作遥控器，查遥控输入信号引脚波形（MM502 的⑲脚），如图 7-8 所示。

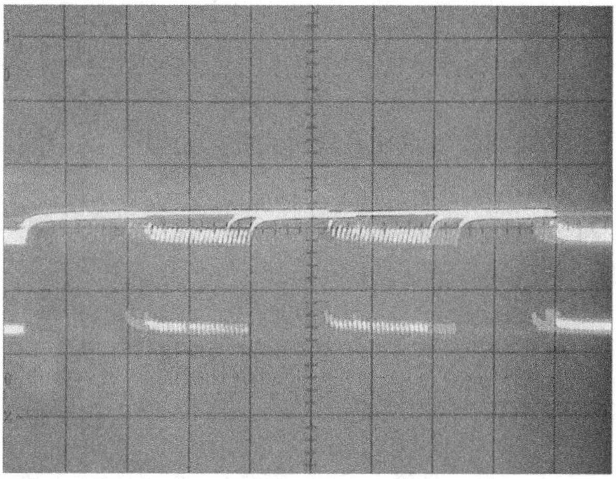

图 7-8　遥控输入信号引脚波形

● 查主 I²C 总线时钟信号输出及主 I²C 总线数据信号输入/输出信号波形（MM502 的⑭、
⑬脚），如图 7-9 所示。

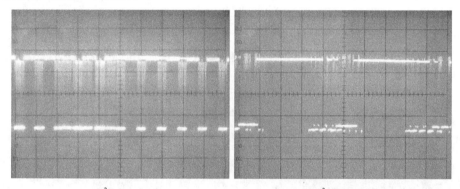

（a）I²C总线时钟信号　　　　　　　　（b）I²C总线数据信号

图 7-9　I²C 总线信号波形

7/2　系统控制电路的检修方法

7.2.1　系统控制电路的故障特点

系统控制电路是对整机的工作状态进行控制和调整的电路。例如整机的开机/待机控制、
图像的调整都可由用户通过键钮进行实施。如果系统控制电路有故障会引起操作控制失灵，
这类故障可通过试操作或调整进行判别。另外，系统控制电路还具有自动复制诊断或自动保
护功能。如电视机出现故障代码可根据故障代码提示的项目进行检测。

7.2.2　系统控制电路的检测方法

根据前面电路分析可知，系统控制电路主要是由微处理器 MM502、11.0592MHz 振荡晶
体（Z700）和整机存储器构成的。微处理器 MM502 为电路核心，也是整机的控制核心，检
查系统控制电路是否正常，可以通过检测其各关键引脚的电压或信号波形等参数是否正常来
进行判断。

1. ①脚和②脚指示灯控制电路的检测

根据前述指示灯控制电路的原理，当电视机处于待机状态时，微处理器②脚输出 3.3V 高电平，①脚输出 0V 低电平，由②脚控制红色指示灯点亮，③脚绿色指示灯不亮；当按下开机键或遥控开机时，②脚输出 0V 低电平，①脚输出 3.3V 高电平，此时红色指示灯熄灭，绿色指示灯被点亮。下面根据这些变化用万用表监测微处理器①脚和②脚的电压，判断微处理器输出的指示灯控制信号是否正常。

首先，在待机状态下用万用表检测微处理器②脚的直流电压，如图 7-10 所示，在按下遥控器开机键时，观察万用表指针的变化。

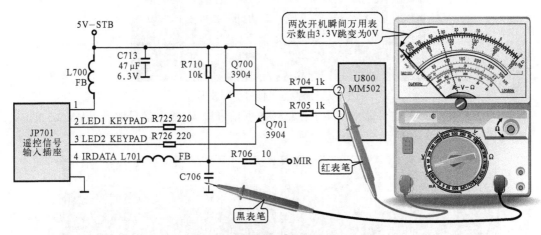

（a）微处理器MM502②脚电压检测示意图

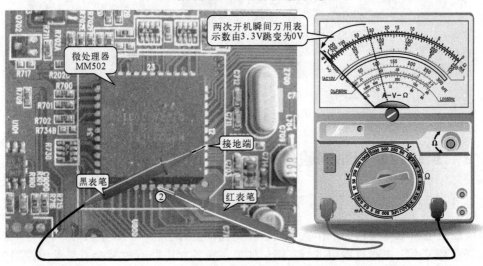

（b）微处理器MM502②脚电压的检测

图 7-10　检测微处理器②脚电压变化

由图 7-10 可知，在开机瞬间②脚电压由 +3.3V 跳变到 0V，指示灯由红色变为绿色，说明微处理器②脚输出的控制信号正常。用同样的方法监测①脚电压的变化即可判断出①脚控制信号是否正常，这里不再赘述。

2. ④脚和⑧脚供电电压的检测

微处理器的④脚为其 +3.3 V 电源供电端，⑧为 +5V 电源供电端。供电电压正常是微处理器正常工作的前提条件。用万用表直流 10V 挡检测④脚电压值，如图 7-11 所示。

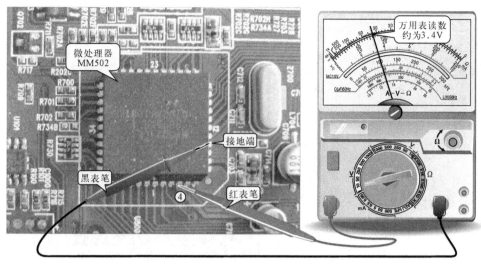

图 7-11　微处理器 MM502 供电电压的检测

同样，用万用表检测⑧脚电压，若供电引脚电压不正常，则应重点检查电源电路部分。

3. ⑪脚和⑫脚晶振信号的检测

微处理器的⑪脚和⑫脚外接 11.0592 MHz 的振荡晶体 Z700，该晶体与微处理器内部的振荡器组成晶振电路，为微处理器提供工作所必需的晶振信号。

正常情况下，用示波器检测这两个引脚的信号波形应由正弦信号波形输出，如图 7-12 所示（以测⑫脚为例）。

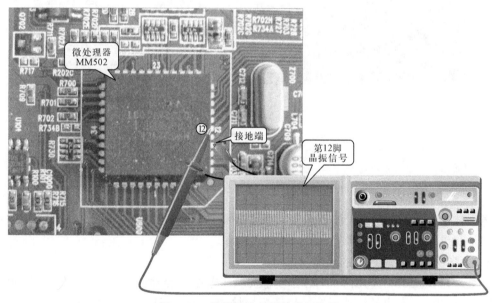

图 7-12　检测微处理器的晶振信号

若该信号不正常，则应重点检测时钟振荡晶体是否正常，该晶体正常工作时，两引脚应分别有 1.4V 和 1.5V 电压。

4. ⑬脚和⑭脚 I²C 总线信号的检测

微处理器 MM502 的⑬脚和⑭脚外接视频解码电路 SAA7117A、音频处理电路 NJW1142、高频调谐器等为其提供 I²C 总线信号，该信号也是上述电路正常工作的基本条件之一。用示波器探头分别接触这两个引脚，接地夹接地，观察示波器屏幕上的信号波形，如图7-13 所示。

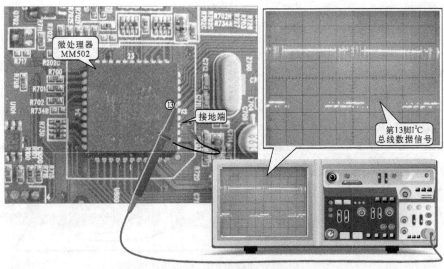

（a）⑬脚主I²C总线数据输入/输出波形

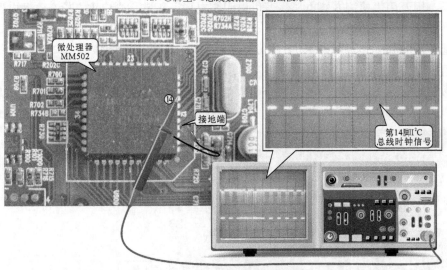

（b）⑭脚主I²C总线时钟信号输出波形

图7-13　微处理器 I²C 总线信号输出波形的检测

若上述信号不正常，或无波形输出，则可能微处理器没有工作，可进一步检测其他关键引脚波形和工作条件来判断微处理器本身是否损坏。

5. ⑲脚遥控信号输入端的检测

微处理器 MM502 的⑲脚为遥控信号输入端。操作遥控器的音量（+/-）、频道调节（+/-）按钮时，发出的红外遥控信号经遥控接收电路处理后送入微处理器的⑲脚，被微处理器识别后转换成相应的地址码，从存储器中取出相应的控制信息，去执行相应的程序。正常情况下，操作遥控器时该引脚应有遥控信号显示，如图7-14 所示。

若该信号不正常，除检测微处理器本身外，还应进一步检查遥控器及遥控接收电路部分是否有故障。

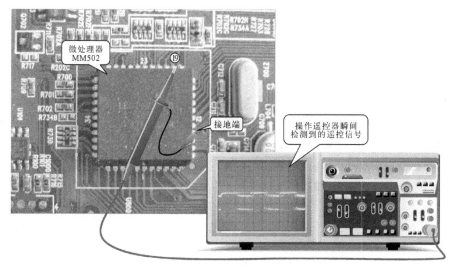

图 7-14　微处理器遥控信号输入端的检测

6. ㉖脚和㉗脚键控信号的检测

微处理器 MM502 的㉖脚和㉗脚为键控信号端。当操作电视机前面板的按键时，由按键电路输出相应的模拟电压到微处理器的㉖脚和㉗脚，微处理器会根据电压值转换成相应的地址码，从存储器中取出相应的控制信息，从而完成相应的控制。

用万用表检测这两个引脚的电压值即可判断键控电压是否正常。

7. ㉚脚逆变器开关控制端的检测

微处理器 MM502 的㉚脚为背光灯逆变器的开关控制端，当电视机进入开机状态时，该脚输出低电平，待机状态该脚为高电平，具体检测方法与屏电源控制端基本相同，如图 7-15 所示。

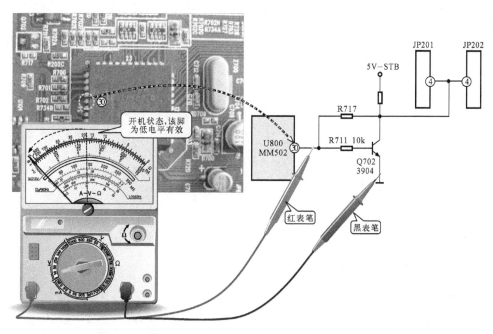

图 7-15　待机状态检测微处理器逆变器开关控制端电压值

习　题　7

简答题

1. 怀疑系统控制电路有故障主要应检测哪些项目？
2. 液晶电视机指示灯显示不正常应检测哪些部位？
3. 系统控制电路的供电如何检测？
4. 如何检测系统控制电路的晶振信号？
5. 如何检测系统控制电路的 I^2C 总线信号？

第8章 逆变器电路的结构和检修方法

8.1 逆变器电路的基本结构和检修方法

液晶电视机中的液晶屏面板本身不能发光，因此一般采用一种冷阴极荧光灯管作为液晶屏的背部光源。这种灯管正常工作，通常需要几十千赫兹的交流高压（约800V），为此在液晶电视机中设有专门的高压产生电路，该电路被称为逆变器电路。不同尺寸的液晶屏所需要背光灯管的数量不同，逆变器电路的结构也有所不同。

8.1.1 逆变器电路的基本结构和工作原理

逆变器电路是为液晶屏背光灯供电的电路，也是液晶显示屏正常工作的基本条件之一。下面以典型液晶电视机的逆变器电路为例进行介绍。

1. 康佳 LC－TM2018 液晶电视机的逆变器电路

如图8-1所示为康佳LC－TM2018液晶电视机逆变器的基本结构，该电路为液晶电视机的背光灯提供所需要的交流电压。

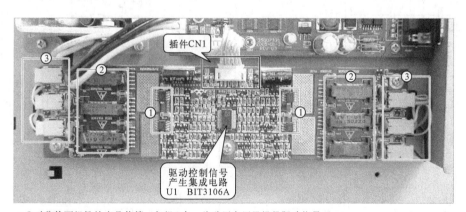

① 对称的两组场效应晶体管，每组2个，为升压变压器提供驱动信号
② 对称的两组升压变压器，每组3个，为背光灯提供约700V的交流电压
③ 对称的两组背光灯供电插座，每组3个

图8-1　康佳LC－TM2018液晶电视机逆变器的基本结构

图8-1中，电路板两侧分别设有3个高压变压器（也称升压变压器），共6个。经6个插座后为6个背光灯管提供约700V的交流电压。电路板上对称的两组场效应晶体管，每组2个，为升压变压器提供脉宽驱动信号。

如图 8-2 和图 8-3 所示为该逆变器的电路原理图。

图 8-2 中，+12V 直流电源从插头 CN1 的①脚、②脚送入；开机/待机（ON/OFF）控制信号由 CN1③脚输入；调整控制信号 ADJ 从 CN1 的④脚输入。+12V 电源为驱动电路提供工作电压。电路中脉宽信号产生集成电路 U1（BIT3106A）的⑬~⑱脚分别输出控制信号，图 8-3 中，该控制信号经驱动场效应管电路（U2A、U3A）、高压变压器（T1A、T2A、T3A）升压后变成交流高压信号为背光灯供电。表 8-1 所列为其电路核心集成电路 BIT3106 的引脚功能。

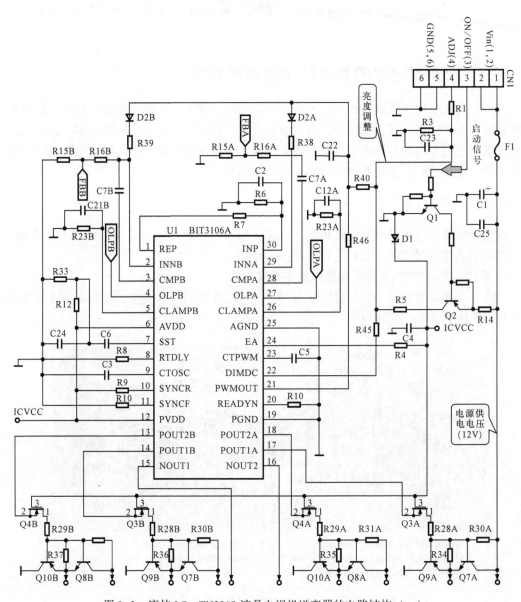

图 8-2　康佳 LC–TM2018 液晶电视机逆变器的电路结构（一）

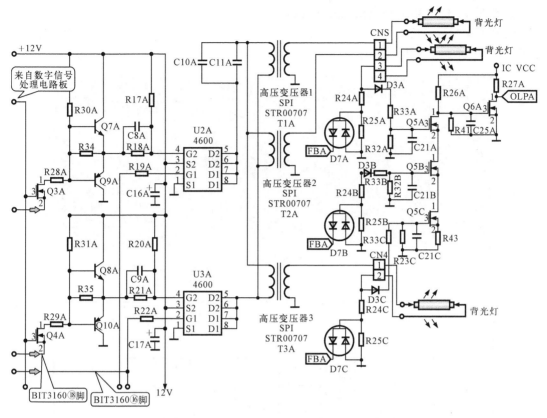

图 8-3　康佳 LC-TM2018 液晶电视机逆变器的电路结构（二）

表 8-1　驱动控制信号产生集成电路 BIT3106 的引脚功能

引脚号	名称	引脚功能	引脚号	名称	引脚功能
①	REP	基准电压输出	⑯	NOUT2	AB 信道第 2 场效应管驱动端
②	INNB	B 通道误差放大器反相输入端	⑰	POUT1A	A 信道第 1 场效应管驱动端
③	CMPB	B 通道误差放大器输出端	⑱	POUT2A	A 信道第 2 场效应管驱动端
④	OLPB	B 通道灯电流检测输入端	⑲	PGND	地
⑤	CLAMPB	B 通道过压钳位信号输出端	⑳	READYN	接下拉电阻
⑥	AVDD	电源端（模拟）	㉑	PWMOUT	PWM 信号输出端
⑦	SST	外接电容端	㉒	DIMDC	PWM 信号控制端（亮度控制）
⑧	RTDLY	外接电阻端	㉓	CTPWM	外接电容端
⑨	CTOSC	外接电容端（时间常数）	㉔	EA	开机/待机控制端
⑩	SYNCR	外接电阻端（频率和相位同步）	㉕	AGND	地
⑪	SYNCF	外接电阻端（频率和相位同步）	㉖	CLAMPA	A 通道过压钳位信号输出端
⑫	PVDD	电源供电端	㉗	OLPA	A 通道灯电流检测输入端
⑬	POUT2B	B 信道第 2 场效应管驱动端	㉘	CMPA	A 通道误差放大器输出端
⑭	POUT1B	B 信道第 1 场效应管驱动端	㉙	INNA	A 通道误差放大器反相输入端
⑮	NOUT1	AB 信道第 1 场效应管驱动端	㉚	INP	A 通道误差放大器同相输入端

2. 长虹 LT3788 型液晶电视机的逆变器电路

如图 8-4 所示为长虹 LT3788 型液晶电视机逆变器的基本结构，打开电视机外壳，在电路板左右两侧有两个对称的装在屏蔽罩内的逆变器电路。

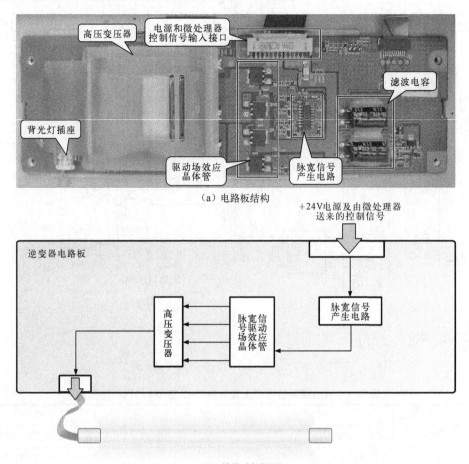

（a）电路板结构

（b）结构功能框图

图 8-4　长虹 LT3788 型液晶电视机逆变器的基本结构

当电视机进入开机状态瞬间，微处理器输出逆变器开关控制信号，经插件 CN1 后使逆变器进入工作状态，把由开关电源送来的 24V 直流电压变成几十千赫兹的脉冲电压，为背光灯管供电，背光灯光正常发光。

逆变器主要是由脉宽信号产生电路、驱动场效应晶体管、升压变压器、背光灯接口与控制信号线及背光灯管等构成的。

（1）脉宽信号产生集成电路（PWM 控制芯片）

脉宽信号产生集成电路的主要作用是产生脉宽驱动信号，该信号由场效应管进行电流放大，以满足启动背光灯时高压供电的要求，如图 8-5 所示为该集成电路的实物外形。

（2）驱动场效应晶体管

如图 8-6 所示为长虹 LT3788 型液晶电视机逆变器电路中驱动场效应晶体管的实物外形，它的主要作用是将脉宽信号产生电路产生的振荡脉宽驱动信号放大后输出，为升压变压器提供驱动脉冲信号。

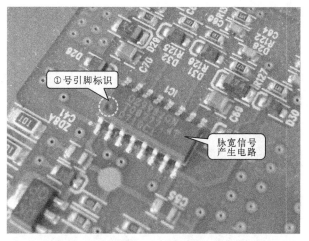

图 8-5 脉宽信号产生集成电路的实物外形

图 8-6 逆变器中驱动场效应晶体管的实物外形

（3）升压变压器

升压变压器的主要作用是对电压进行提升，从而达到背光灯所需要的电压，实现背光灯的控制，如图 8-7 所示为该机器逆变器电路中升压变压器的实物外形。

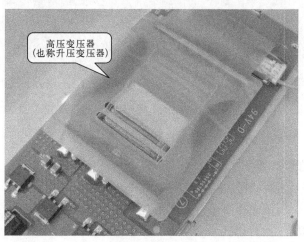

图 8-7 逆变器电路中升压变压器的实物外形

　　不同逆变器电路的升压变压器外形会有所不同，其主要作用基本相同，都对电压起到提升作用。

　　（4）背光灯接口与控制信号线

　　背光灯与逆变器电路板就是通过背光灯接口与控制信号线进行连接的，如图8-8所示为背光灯接口与控制信号线的外形。

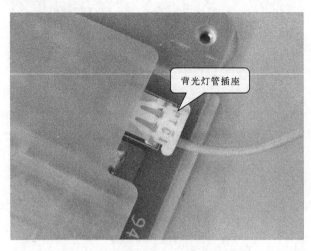

背光灯管插座

图8-8　背光灯接口与控制信号线的外形

8.1.2　逆变器电路的故障检修方法

　　逆变器电路的结构相对较简单，对该电路的检修一般按照如图8-9所示流程检修即可。

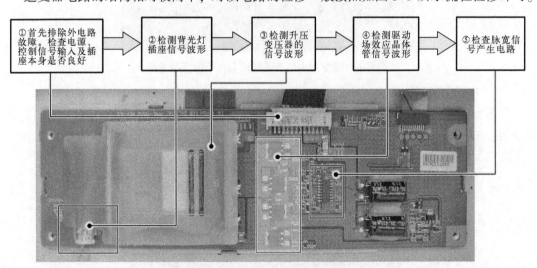

①首先排除外电路故障。检查电源、控制信号输入及插座本身是否良好　②检测背光灯插座信号波形　③检测升压变压器的信号波形　④检测驱动场效应晶体管信号波形　⑤检查脉宽信号产生电路

图8-9　逆变器电路的故障检修流程

1. 先排除外电路故障

　　判别逆变器电路是否有故障，应首先排除外电路故障，因此在检修该电路前，应先检查其供电电压是否正常，若该电压不正常则需要先检查开关电源电路部分；然后检测由数字板微处理器送来的控制信号是否正常。上述的电源工作电压和控制信号是逆变器正常工作的基本条件，若满足不了这两个条件即使逆变器本身正常，也无法进行工作。

2. 检测背光灯插座信号波形

电源送来的电压（+12V 或 24V）经逆变器后变为几十千赫兹的脉冲电压，最终是由背光灯插座送给背光灯管的，因此可先检测该输出信号是否正常，进而可判断逆变器是否工作。正常情况下，用示波器探头感应背光灯插座，应有相应信号波形出现。

3. 检测升压变压器的信号波形

若背光灯插座无信号，则应顺电路往前级电路进行检测，可用同样的方法用示波器探头感应一下升压变压器磁芯是否有信号波形。

4. 检测驱动场效应晶体管波形

若升压变压器无信号，接下来应检测前级电路中的驱动场效应晶体管，正常情况下，该部分也应输出一定的信号波形。

5. 检测脉宽信号产生电路

若逆变器在工作条件正常的前提下，前述感应的信号波形均不正常，则可能是驱动集成电路未工作，可根据集成电路引脚功能检测输出和输入引脚的信号波形。若有输入信号无输出信号，则集成电路损坏。

8.2 逆变器电路的检修实例

逆变器电路的检修过程中关键是对电路中主要元器件的检测，来判断故障的大体部位，而由于逆变器电路输出交流信号的功率比较大，因而常采用示波器感应法进行判别。

8.2.1 逆变器电路的故障表现

逆变器电路是一种专门为背光灯管提供工作电压的电路，该电路不正常主要会影响液晶屏的显示条件，从直观角度来说将直接影响电视机的图像显示效果。常见的故障表现主要有背光灯不良引起的黑屏、屏幕闪烁、有干扰波纹等。

1. 黑屏故障

（1）电源指示灯亮，无图像、黑屏

观察电源指示灯，出现指示灯的颜色由黄色（或红色）转变为绿色，或出现电源指示灯转换一下颜色后又回归初始颜色，而且电视机黑屏。

（2）电源指示灯正常但无图像、黑屏

出现这种故障可能是逆变器电路不能够产生高压所导致的，通常应检测 12V 或 24V 供电、PWM 控制芯片的输出以及场效应晶体管是否正常。也可用示波器分别检测 PWM 芯片的输出，以及场效应管的输出信号波形来判断。

（3）使用中随机出现黑屏

这种故障主要由于高压逆变器电路末级或者供电级元件发热量大，长期工作造成虚焊所致，通过轻轻拍打机壳观察屏幕是否恢复点亮可以辅助判断。并利用观察法找到故障部位，从而对故障部位补焊，排除故障。

2. 屏幕闪烁

屏幕闪烁的故障主要由背光灯老化所引起，但是在特殊的情况下，逆变器电路不正常也会导致屏幕闪烁的故障，若逆变器电路出现问题，主要应检查脉宽信号产生电路、场效应晶体管等。

3. 干扰波纹

当电视机出现干扰波纹的现象，主要是由于逆变器电路出现故障所引起的，常见的干扰波纹有水波纹干扰、画面抖动/跳动、星点闪烁等，如图8-10所示。

图8-10　液晶电视机常见干扰波纹

8.2.2　逆变器电路的检修方法

由于逆变器电路的信号通道中处理的多为信号波形较明显的交流信号，且其输出信号的功率较高，因而常采用示波器探头感应法判别故障的大体部位。下面以长虹 LT3788 型液晶电视机中的逆变器电路为例介绍其具体的检修方法。

1. 工作条件的检测

根据检修流程，首先检查其基本的工作条件是否正常，如图8-11所示，开关电源经插件 CN01 送入 +24V 直流电压，数字板中由微处理器输出的逆变器开关控制信号也经插件 CN01 送入脉宽信号产生电路中。

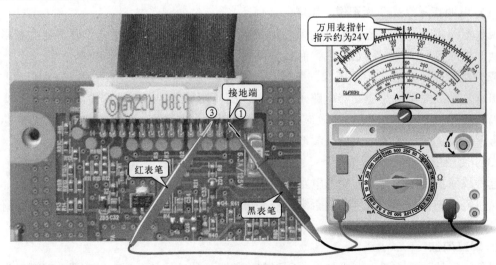

（a）+24 V 电压的检测

图8-11　逆变器工作条件的检测

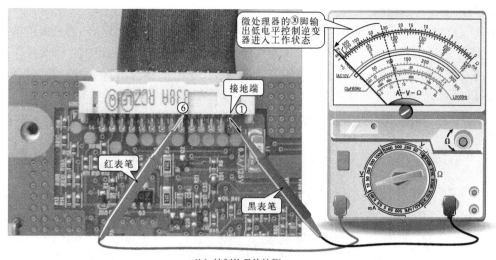

（b）控制信号的检测

图 8-11　逆变器工作条件的检测（续）

在工作条件正常的前提下，若背光灯仍不能发光则可能是逆变器电路存在损坏元件，下面主要对其关键元件进行检测。

2. 背光灯接口的检测

检测背光灯接口可先用观察法直接观察背光灯接口是否有烧焦或脱焊等现象，若存在一些明显的故障现象，应及时对该接口进行补焊操作或更换同规格的背光灯接口；若外观正常，则可用示波器检测。

将示波器探头靠近背光灯插座，此时在示波器屏幕上可观测到 2 ~ 10V 的交流信号波形，如图 8-12 所示。如果有波形而背光灯管不亮则表明背光灯损坏。

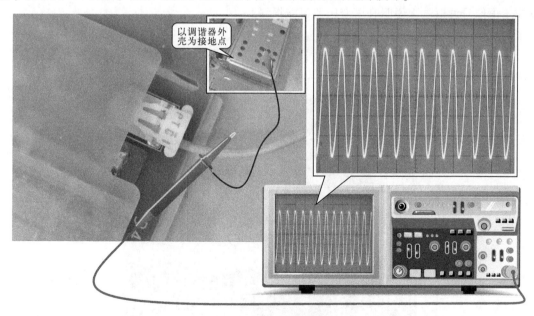

图 8-12　检测背光灯插座的信号

3. 升压变压器的检测

若背光灯插座上无信号输出，则顺信号流程检查前级电路中的升压变压器是否正常：由于逆变器输出交流电压的幅度达800～1 000V，超过示波器的正常检测范围，因而可采用感应法。将示波器探头靠近升压变压器的磁芯，正常情况下应能感应出20～40V的交流电压，如图8-13所示。

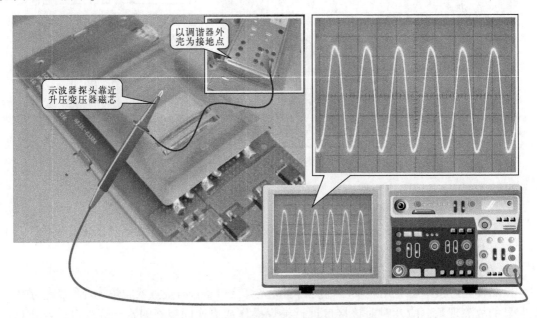

图8-13　用示波器感应升压变压器的波形

若实际检测中，感应不出信号波形，此时不能直接判断变压器损坏，应继续顺信号流程检测前级电路中的驱动场效应晶体管的输出是否正常，若场效应管的输出正常，而变压器仍感应不出信号波形，则说明升压变压器可能损坏。

4. 驱动场效应晶体管的检测

长虹LT3788型液晶电视机的逆变器电路中，采用了4个场效应晶体管来放大脉冲信号，并将驱动信号送入升压变压器中，图8-14为对各场效应晶体管的引脚标识。

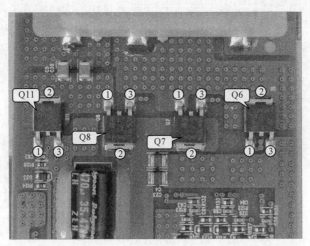

图8-14　长虹LT3788型液晶电视机逆变器电路中场效应晶体管引脚标识

　　该组场效应晶体管中，Q11 与 Q6 的结构完全相同，即由①脚输入，③脚输出；Q8 与 Q7 的结构相同，即都由①脚输入，②脚输出。通过检测和对照输入、输出引脚的信号波形即可判断场效应晶体管的好坏。下面分别以 Q11 和 Q8 为例进行检测。

　　如图 8-15 所示，将示波器探头置于 1×10 挡，即检测的信号衰减为输入的 1/10，在读数时应×10。将示波器探头接到 Q11 的①脚上，接地夹接地。观察示波器显示屏的波形，此时有约 6V（每格 0.2V×10，共约 3 个格）的信号波形显示；接着将示波器探头接到③脚上，经晶体管放大后示波器屏幕上显示的波形约为 25V（每格 1V×10，约 2.5 个格），说明场效应晶体管 Q11 正常。

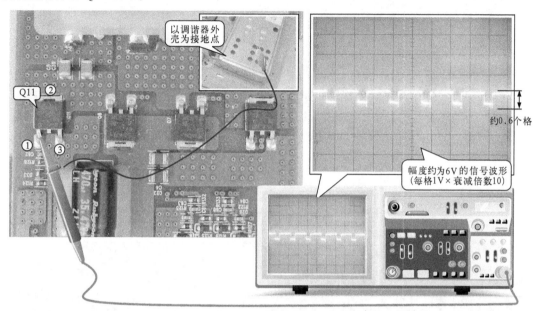

（a）Q11①脚信号的检测

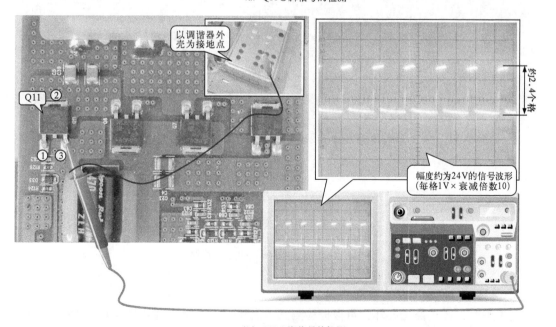

（b）Q11③脚信号的检测

图 8-15　场效应晶体管 Q11 的检测

若检测时，输入信号正常，而输出不正常，则可能为场效应晶体管损坏，应用同型号元件进行更换。

接着，用同样的方法和操作步骤检测 Q8 的①脚和②脚的信号波形，如图 8-16 所示。

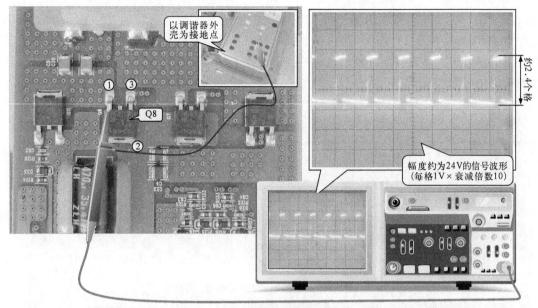

（a）Q8 ①脚信号的检测

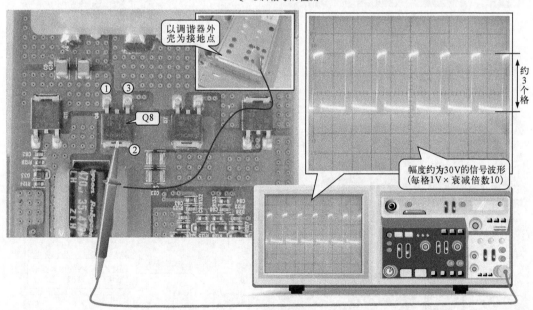

（b）Q8 ②脚信号的检测

图 8-16　场效应晶体管 Q8 的检测

5. 脉宽信号产生电路的检测

脉宽信号产生电路的好坏，可根据检测其输出和输入引脚的信号波形进行判断，有输入信号无输出信号，则集成电路可能损坏。

在长虹 LT3788 型液晶电视机逆变器电路中，在正常情况下检测到的脉宽信号产生电路 IC1（TO8777－4T）各引脚的信号波形如图 8-17 所示。

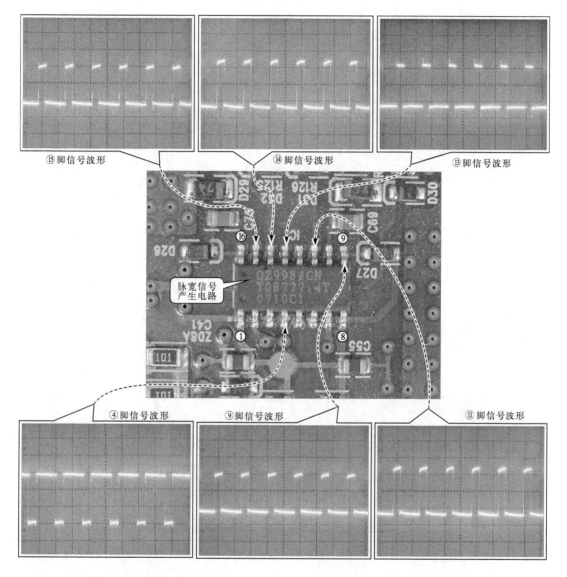

图 8-17 脉宽信号产生电路 IC1（TO8777－4T）正常状态下各引脚信号波形

若实际检测中，与上述信号波形差异较大，则可能为集成电路损坏。可进一步通过万用表检测其对地阻值的方法进行判断。

首先将万用表黑表笔接地（接地点为该电路板上，滤波电容的接地端），利用红表笔依次检测控制芯片的各个引脚，接着对换表笔，将红表笔接地，黑表笔依次接控制芯片的各个引脚，如图 8-18 所示为检测脉宽信号产生电路①脚正反向阻值的方法。

脉宽信号产生电路正常工作时各引脚阻抗值对照见表 8-2。

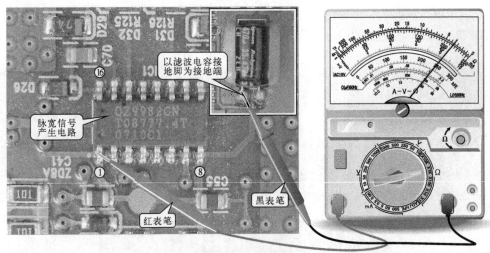

（a）黑表笔接地，红表笔接①脚

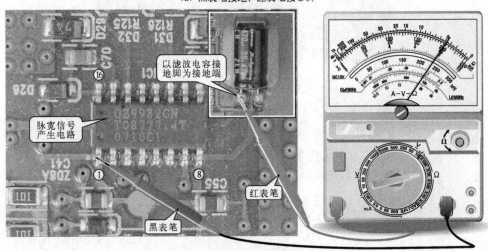

（b）红表笔接地，黑表笔接①脚

图8-18　检测脉宽信号产生电路①脚阻值的方法

表8-2　脉宽信号产生电路正常工作时各引脚阻抗值对照表

引　脚　号	正向阻值（kΩ）（黑表笔接地）	反向阻值（kΩ）（红表笔接地）	引　脚　号	正向阻值（kΩ）（黑表笔接地）	反向阻值（kΩ）（红表笔接地）
①	3.5	4.6	⑨	5.6	∞
②	地	地	⑩	1	5.5
③	4.2	15	⑪	6.5	50
④	∞	∞	⑫	3.4	3.6
⑤	∞	∞	⑬	2.9	2.9
⑥	4.2	15	⑭	6.5	48
⑦	0	0	⑮	1	7.1
⑧	4	4.6	⑯	5.6	∞

　　如果实际检测时脉宽信号产生电路（TO8777-4T）各引脚对地的阻抗与表8-2中的值偏差过大，则可能损坏。

注意：集成电路及升压变压器等元件损坏，因不容易购买，一般应整体更换。

简答题

1. 判别逆变器电路工作是否正常应检测哪些项目？

2. 判别 PWM 驱动场效应晶体管是否正常应如何检测？

3. 如何判别 PWM 产生集成电路是否正常？

第9章 液晶电视机电源电路的结构和检修方法

9.1 电源电路的基本结构和检修方法

液晶电视机中的电源电路多采用开关电源形式，将市电交流 220V 电压经滤波、整流、开关变换和稳压后输出一路或多路直流电压，为电视机整机电路供电。下面以典型液晶电视机中的电源电路为例介绍其基本的组成电路、结构及检修方法。

9.1.1 电源电路的基本结构和工作原理

在液晶电视机电路中元器件的精密度和集成度都较高，它要求的工作条件也较严格，因此电视机电源电路较其他电子产品更复杂，但其基本的电路功能和工作原理基本相同，它都是将市电交流 220V 电压经桥式整流电路整流、电容滤波，变成 308V 直流，再经开关振荡电路变成高频脉冲电压，经变压器输出多组脉冲信号，再经整流滤波和稳压电路输出多种直流电压。下面以长虹 LT3788 型液晶电视机中使用的型号为 FSP242 – 4F01 的开关电源为例进行介绍。

1. 电源电路的基本组成电路

FSP242 –4F01 机开关电源的电路结构较其他普通电子产品的电源电路复杂，可首先按其电路功能划分为如下几个电路单元：有源功率因数校正电路、开关振荡电路、整流滤波输出电路和 5V 稳压电路。

（1）有源功率因数校正电路

如图 9-1 所示为 FSP242 –4F01 机开关电源电路中的有源功率因数校正电路（PFC）。该电路的主要功能是将 308V 直流电压提升到 380V 直流电压。交流 220V 电压经互感滤波器（FL1、FL2）和滤波电容（CY1、CY2）滤除电网的干扰后，由 BD1 桥式整流堆整流输出约 308V 的直流电压，308V 直流经 L1、C3、C4 滤波后分成三路输出。第一路输出送往 A 端（ +5V 开关稳压电路）。第二路经整流二极管（DM）直接送到 PFC 输出端，与 PFC 输出电压叠加。第三路经变压器（L2）和开关电路（Q3、Q4、IC3）、整流电路 D7 输出 PFC 电压。IC3 是开关脉冲信号产生电路，①脚为启动端，+308V 直流经启动电阻为①脚提供启动电压，使 IC3 内的振荡电路工作，⑦脚输出脉冲信号，经 Q13、Q10 组成的互补输出电路放大后去驱动双场效应晶体管 Q3、Q4，与变压器 L2 形成开关振荡状态，开关脉冲经 D7 整流后由 C1 滤波，在 C1 上与第二路整流输出的直流电压叠加形成约为 380V 电压输出。

（2）开关振荡电路

如图 9-2 所示为 FSP242 –4F01 机开关电源电路中的开关振荡电路，该电路主要是由开

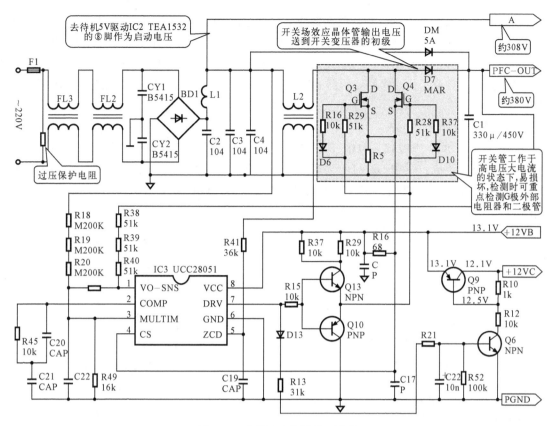

图9-1　有源功率因数校正电路

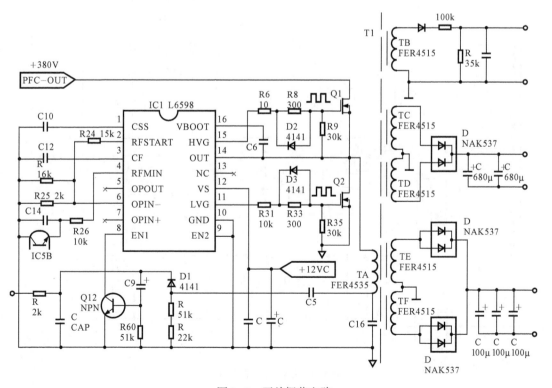

图9-2　开关振荡电路

关振荡集成电路 IC1（L6598）、开关场效应晶体管 Q1、Q2、开关变压器 T1 和次级整流滤波电路构成的。+12V 加到 IC1⑫脚为之供电、IC1 内的振荡电路工作，⑪脚和⑮脚输出相位相反的开关脉冲分别去驱动 Q1、Q2 使之交替导通或截止。Q1、Q2 的输出加到开关变压器 T1 的初级绕组（TA）上，开关变压器的次级有多组线圈，分别经整流、滤波后输出多个直流电压。

（3）整流滤波输出电路

如图 9-3 所示为 FSP242-4F01 机开关电源电路中的整流滤波输出电路，该电路主要由整流和滤波电路组成，其中 D2～D4 为双二极管，在输出端设有过流检测电路。ICS1B 运放是检测 12V 供电电路的电流，ICS1A 运放是检测 24V 供电电路的电流。运放的输出作为保护信号。

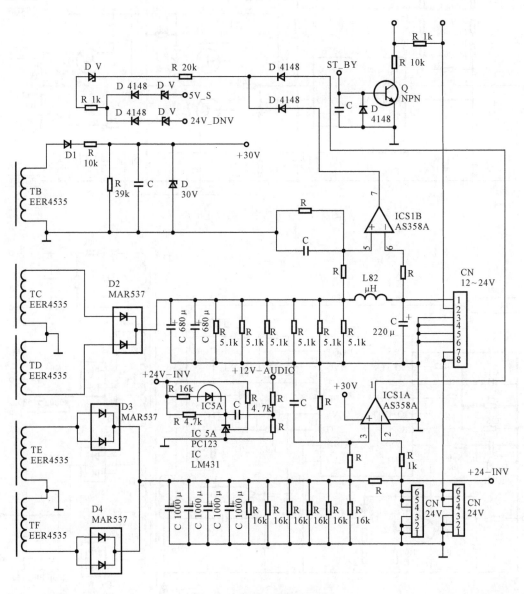

图 9-3　整流滤波输出电路

（4）5V 稳压电路

如图 9-4 所示为 FSP242-4F01 机开关电源电路中的 5V 稳压电路，该电路中 IC2 是开关振荡集成电路，Q5 为开关场效应管，T2 是开关变压器。IC2①脚为电源供电端，⑦脚输出开关脉冲，并去驱动开关管 Q5 的栅极，来自交流输入电路的 PFC 电压（380V）加到开关变压器 T2 初级绕组的①脚，②脚接开关漏极 D，开关电源工作后，开关变压器 T2③～④绕组为正反馈绕组，反馈电压整流后加到 IC2 的①脚，用以维持 IC2 的工作。开关变压器 T2 次级⑤～⑧经整流滤波后输出 +5V 电压为电视机的信号处理电路供电。

图 9-4 中 IC4（A、B）为过热检测光耦，IC6（A、B）为开机/待机控制光耦，IC7（A、B）是稳压控制光耦。

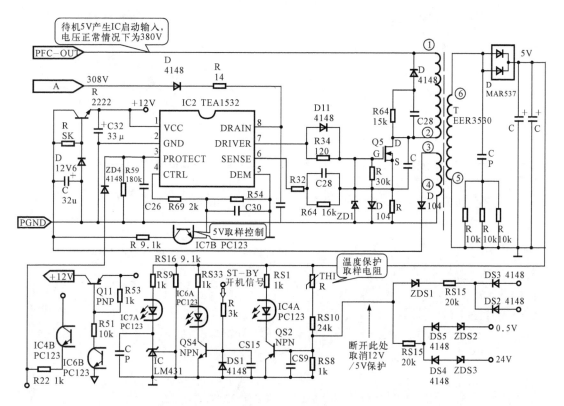

图 9-4　5V 稳压电路

2. 电源电路的基本结构

如图 9-5 所示为长虹 LT3788 型液晶电视机中使用的型号为 FSP242-4F01 的开关电源电路板。该电源板不同于其他普通电子产品中的电源板，电路中的元器件分布在电路板的两侧，其中分立直插式元器件位于电路板的一侧，表面安装贴片式元件位于电路板的另一面。

由图 9-5 可知，该电源电路主要是由交流输入电路、桥式整流堆、+300V 滤波电容 C1、开关场效应晶体管、开关变压器、光电耦合器、有源功率调整驱动集成块 IC3（UCC28051）、电源调整输出驱动集成电路 IC1（L6598D）、待机 5V 产生输出驱动集成电路 IC2（TEA1532）、运算放大器 ICS1（AS358A）等构成。

另外，该机共输出 4 路工作电压为后级电路提供工作条件，主要为：

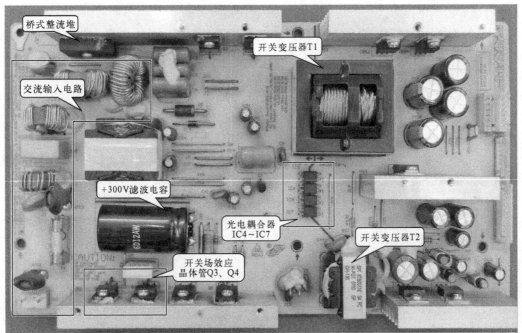

（a）开关电源电路的分立元件面

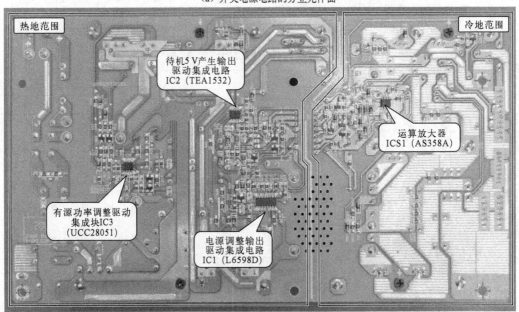

（b）开关电源电路的贴片元件面

图 9-5　FSP242-4F01 机开关电源电路板

- 5VSB（1 A）待机电压
- +5V（4 A）小信号
- +12V（3 A）伴音
- +24V（7.5 A）逆变器

（1）交流 220V 输入电路

如图 9-6 所示为电源板中的交流 220V 输入电路，该电路中主要由交流 220V 输入插座

CN1、保险电阻 F1（熔断器）、过压保护电阻、滤波电容 CX1、电感器（L1、L3）、互感滤波器（FL3、FL2）等元件构成。

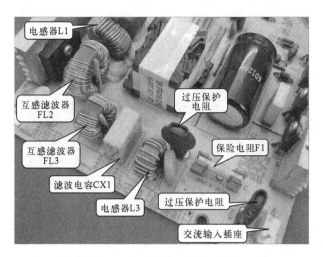

图 9-6 交流 220V 输入电路

如果电视机出现过载故障，保险电阻 F1 将熔断，起保护作用。如果外部输入电压过高（高于 260V），过压保护电阻短路，并使保险电阻 F1 熔断，同样起到保护作用。

滤波电容、电感器及互感滤波器构成抗干扰滤波电路，它主要用于滤除来自交流电网的干扰脉冲，同时也可以防止开关电源产生的振荡脉冲反送到电网中对其他设备造成干扰。

（2）桥式整流堆

桥式整流堆的主要作用是将交流 220V 电压整流输出约 300V 的直流电压，如图 9-7 所示为桥式整流堆在该液晶电视机中的位置和电路符号。

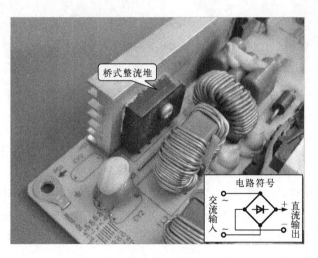

图 9-7 桥式整流堆在该液晶电视机中的位置和电路符号

如图 9-8 所示为桥式整流堆的背部引脚，由其背部引脚中的标示可以看到其引脚的极性，这也是检测时的重要依据。

由图 9-8 可知，桥式整流堆有 4 个引脚，当检测直流输出电压时，应测量两端引脚正端和负端。检测交流输入电压时，应测量中间的两个引脚。

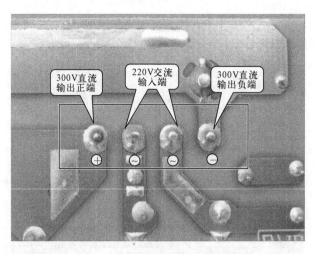

图9-8　桥式整流堆的背部引脚

（3）　+300V 滤波电容 C1

如图9-9所示为该电源板中的300V滤波电容及其电路符号，该电容一般体积较大，在电路板中很容易辨认。该电容器的作用是将桥式整流堆输出的直流电压进行平滑、滤波，进而消除脉动分量，为开关振荡电路供电。

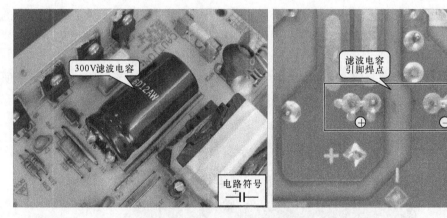

图9-9　300V 滤波电容 C1 实物外形

由图9-9可知，该电容器是一种电解电容器，因为电容器上标有正、负极性，即电容器外壳上标注有"–"的引脚为负极性引脚，用于连接电路的低电位。

300V滤波电容在电路中用字母"C"表示。度量电容量大小的单位是"法拉"，简称"法"，用字母"F"表示。但实际中实用更多的是"微法"（用"μF"表示）、"纳法"（用"nF"表示）或皮法（用"pF"表示）。它们之间的换算关系是：$1\ F = 10^6\ \mu F = 10^9\ nF = 10^{12}\ pF$。

（4）　开关场效应晶体管

如图9-10所示为电源板中的开关场效应晶体管（简称开关管）实物外形、电路符号及背部引脚，其主要作用是将直流电流变成脉冲电流，该场效应晶体管工作在高反压和大电流的条件下，因而安装在散热片上。电源电路中开关管的故障率较高，检修时可重点对其进行检测。

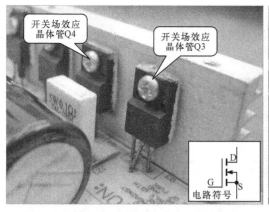
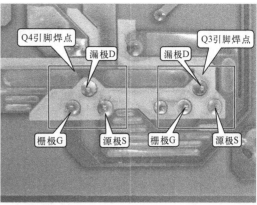

图9-10 开关场效应晶体管

（5）开关变压器

如图9-11所示为该电源板上开关变压器的实物外形。该电源电路板中有两只开关变压器 T1、T2。

开关变压器是一种脉冲变压器，其工作频率较高（1～50kHz），磁芯使用铁氧体，脉冲变压器的初级绕组与开关晶体管构成振荡电路，次级与初级绕组隔离，主要的功能是将高频高压脉冲变成多组高频低压脉冲。

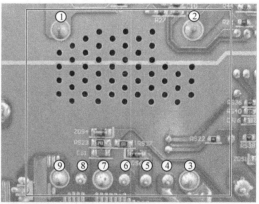

（a）变压器 T1 外形及引脚焊点

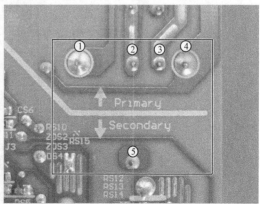

（b）变压器 T2 外形及引脚焊点

图9-11 开关变压器 T1、T2 外形及其引脚焊点

开关变压器是开关电源电路中具有明显特征的器件，它的初级是开关振荡电路的一部分，次级输出的脉冲信号经整流滤波后变成多组直流输出，为电视机各单元电路及元器件提供工作电压。

（6）光电耦合器

光电耦合器的主要作用是将开关电源输出电压的误差反馈到开关集成电路上，如图9-12所示为光电耦合器的实物外形、电路符号及背部引脚，由电路符号可知，光电耦合器是由一个光敏晶体管和一个发光二极管构成的。

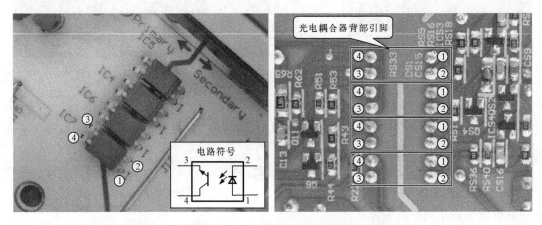

图9-12   光电耦合器的实物外形和电路符号及背部引脚

该电源板上设置了四只光电耦合器，更体现了液晶电视机中对电源电路规格及性能的严格要求。

（7）有源功率调整驱动集成块 IC3（UCC28051）

如图9-13所示为该液晶电视机电源电路中的有源功率调整驱动集成块 IC3（UCC28051）的实物外形。UCC28051 是一个开关振荡集成电路，其内部集成了脉冲振荡器和脉宽信号调制电路（PWM），脉冲信号经触发器、逻辑控制电路后，经内部的双场效应管放大后由⑦脚输出。该电路中设有误差放大器进行稳压控制，同时还设有过压检测和保护电路。如图9-14所示为其内部结构框图。

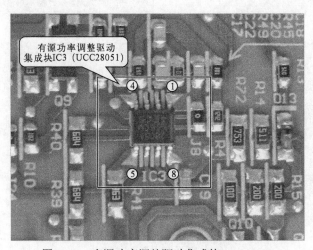

图9-13   有源功率调整驱动集成块 UCC28051

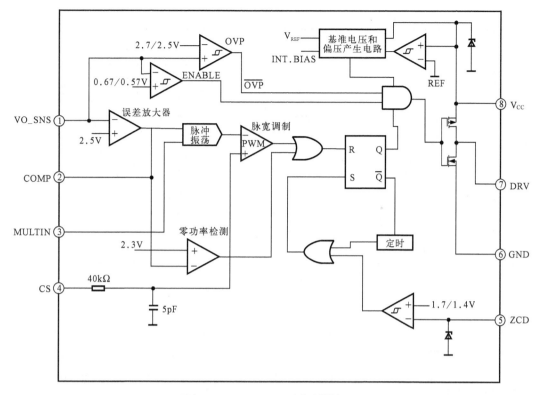

图 9-14 UCC28051 内部结构框图

（8）电源调整输出驱动集成电路 IC1（L6598D）

如图 9-15 所示为开关电源电路中的电源调整输出驱动集成电路 IC1（L6598D）的实物外形。L6598D 实际上也是一个开关脉冲产生集成电路，该电路的特点是⑪脚、⑮脚分别输出两路相位相反的开关脉冲，因而外部要设有两个场效应晶体管组成的开关脉冲输出电路，将直流电压（H、V）变成可控的脉冲电压，再输出，将滤波后变成直流电压。IC 的内部设有压控振荡器（VCO）用于产生振荡信号，经处理后形成两路脉冲输出。如图 9-16 所示为其内部结构框图。表 9-1 为其各引脚功能。

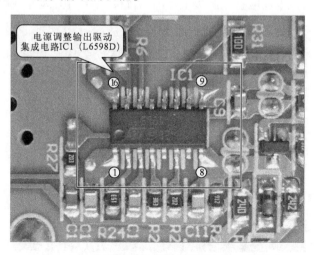

图 9-15 电源调整输出驱动集成电路 L6598D

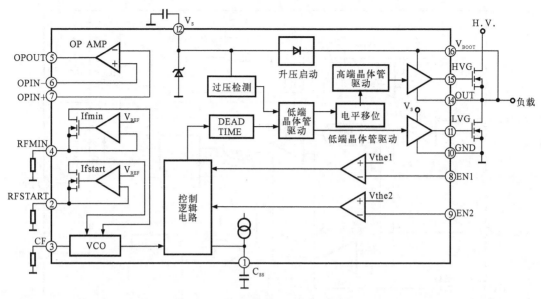

图 9-16　L6598D 内部结构框图

表 9-1　L6598D 各引脚功能

引脚号	名　称	引脚功能	引脚号	名　称	引脚功能
①	C_{SS}	软启动定时电容	⑨	EN2	半桥非锁定使能
②	RFSTART	软启动频率设置	⑩	GND	地
③	CF	振荡频率设置	⑪	LVG	低端晶体管（外）驱动输出
④	RFMIN	最小频率设置	⑫	V_S	电源供电
⑤	OPOUT	传感器运放输出	⑬	N.C	空
⑥	OPIN −	传感器运放反相输入	⑭	OUT	高端晶体管（外）驱动基准
⑦	OPIN +	传感器运放同相输入	⑮	HVG	端晶体管（外）驱动输出
⑧	EN1	半桥锁定使能	⑯	V_{BOOT}	升压电源端

（9）待机 5V 产生驱动集成电路 IC2（TEA1532）

如图 9-17 所示为该液晶电视电源板上专门的待机 5V 产生驱动集成电路 IC2（TEA1532）

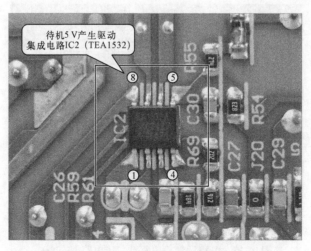

图 9-17　待机 5V 产生驱动集成电路 TEA1532

实物外形，TEA1532 是一种具有多种保护功能的开关脉冲产生电路，⑦脚为脉冲信号输出端，⑥脚为电流检测端，④脚为控制端，③脚为保护信号输入端。如图 9-18 所示为其内部结构框图。表 9-2 为其各引脚功能。

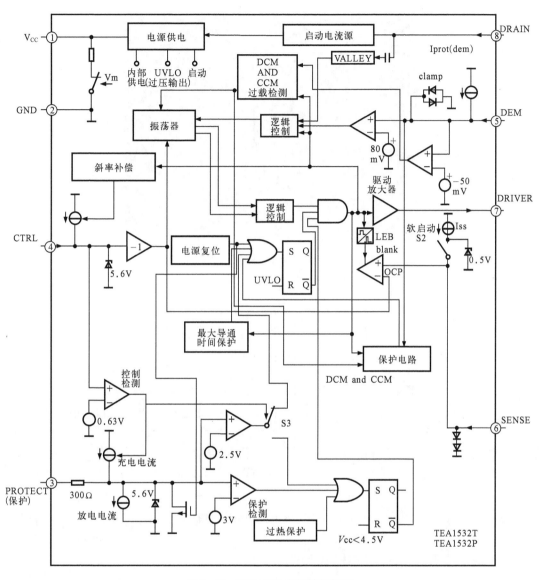

图 9-18　TEA1532 内部结构框图

表 9-2　TEA1532 各引脚功能

引　脚　号	名　　称	引脚功能	引　脚　号	名　　称	引脚功能
①	V_{CC}	电源供电	⑤	DEM	去磁
②	GND	地	⑥	SENSE	电流检测输入
③	PROTECT	保护和定时输入	⑦	DRIVER	驱动输出
④	CTRL	控制输入	⑧	DRAIN	外接场效应管漏极

（10）运算放大器 ICS1（AS358A）

如图9-19所示为电源电路中的运算放大器 ICS1（AS358A）的实物外形，它是一种双运放8引脚的运算放大器，主要用于各路保护检测。图9-20所示为单运放的电路结构。

图9-19　运算放大器 AS358A 的实物外形

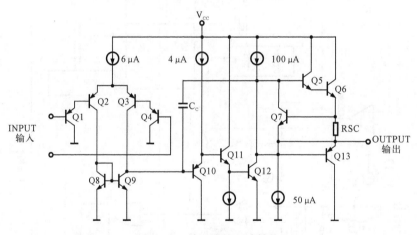

图9-20　单运放的电路结构

9.1.2　电源电路的故障检修方法

电源电路是为液晶电视机整机供电的重要部位，主要的功能就是为液晶电视机的整机和各电路单元提供工作电压，此外，由于电源电路的工作电压较高，温度也较高，容易使一些元器件损坏。这时就需要根据电源电路的工作流程对关键点的电压以及关键元器件的阻值等进行测量，从而判断故障部位，排除故障元器件。长虹 LT3788 型液晶电视机电源电路的检修流程如图9-21所示。

在检修该电源电路时，应首先对直流输出端的各个电压进行检测，若只有一路上的电压不正常，则检测该支路输出端上的电阻器、滤波电容器以及半导体器件即可。若各电压都没有输出，则应检测电源电路中的开关变压器、次级输出滤波电容器、桥式整流堆、开关场效应管、开关集成电路、光电耦合器、300V 滤波电容器、保险管等是否有损坏的现象。

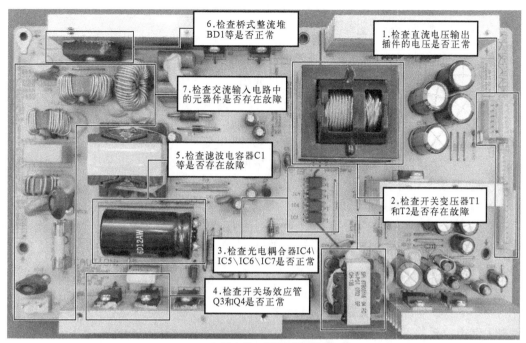

（a）电源电路 正面的检修流程

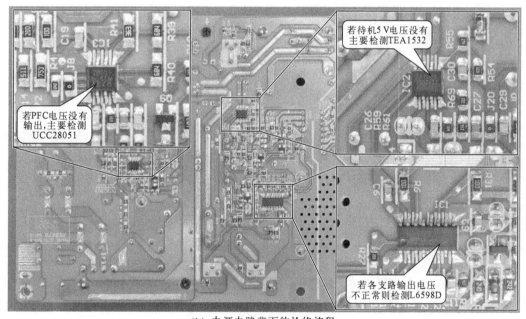

（b）电源电路背面的检修流程

图9-21 长虹 LT3788 型液晶电视机电源电路的检修流程

9.2 电源电路的故障检修方法

电源电路不正常，通常会引起整机无法正常工作的故障。检修时应首先确认具体的故障表现，进而判断故障的大致部位。由于电源电路通常工作于高温高压状态，出现故障的概率较大，下面具体介绍其常见的故障表现及检修方法。

9.2.1 电源电路的故障表现

开关电源电路产生故障时，从电视机的显示角度来说主要表现为黑屏、花屏、白屏、屏幕有杂波等，下面对这几种故障表现进行简单介绍。

1. 花屏

液晶电视机花屏的主要原因是：次级输出滤波电容漏电，造成主信号处理和控制电路板供电不足，供电电压低、电流小，主信号处理和控制电路板不能够完全正常工作，输出的信号不正常，最终造成图像还原不正常，引起花屏的现象。

2. 开机黑屏

（1）指示灯不亮、黑屏的情况

液晶显示器电源指示灯不亮、黑屏，出现这种现象首先检查有无脱焊、烧焦、接插件松动的现象，然后测量 24V、12V 及 5V 电压是否正常，如果不正常，可根据检修流程逐一排查。

（2）指示灯亮、黑屏的情况

开机后黑屏，电源指示正常，出现这种故障首先应检测 5V 电压是否正常，因为主信号处理和控制电路板的工作电压是 5V，所以查找不能开机的故障时，应先用万用表测量 5V 电压。接着检测 24V 电压是否正常，即检测逆变器电路部分是否有正常的电压，因为逆变器电路不正常，也会导致黑屏现象的出现。

3. 屏幕上有杂波干扰

液晶显示器屏幕上满屏干扰条纹，但开机时间长后会有所改善。出现这种情况的原因主要是由于电源电路次级输出滤波电容失效而引起的。滤波电容不良会引起供给电压不足，也使主信号处理和控制电路板电压受到影响，最终导致屏幕上出现杂波干扰的现象。

4. 通电无反应

通电无反应主要是电源供电电路方面的故障，出现这种情况主要是由于熔断器烧断、300V 滤波电容损坏、开关晶体管损坏及开关集成电路烧坏而引起的。

5. 开机无电，指示灯不亮

出现这种情况的原因通常是电源电路的次级输出滤波电容损坏所致。但在更换电容前，最好还是检查熔断器、开关晶体管及其他关键器件有无烧毁。

9.2.2 电源主要电路器件的故障检修方法

电源电路是液晶电视机中比较容易损坏的部位之一，前面的章节中已经介绍了该电源电路的基本结构、信号流程以及该电路出现故障后的常见故障表现，下面重点介绍长虹 LT3788 型液晶电视机电源电路中关键元器件的检修方法。

1. 互感滤波器 FL2、FL3 的检测

交流 220V 电压首先经互感滤波器 FL2、FL3 进行滤波处理，若 FL2 和 FL3 损坏，则会造成 220V 电压无法送入的故障，则该电源电路也无法工作。互感滤波器有 4 个引脚，正常情况下，互感滤波器相连引脚间的阻值应趋于 0Ω，其检测方法如图 9-22 所示。

若检测互感滤波器时，其相连引脚间的阻值趋于无穷大，则证明互感滤波器已经断路损坏。此外，互感滤波器不相连引脚间的阻值应趋于无穷大，若检测时发现阻值有趋于零的现象，互感滤波器也可能损坏。

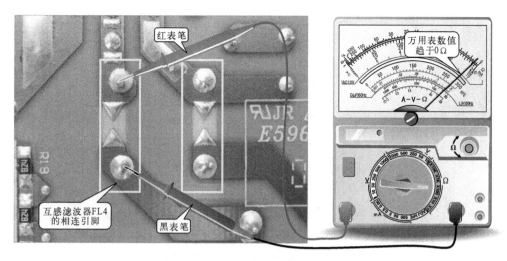

图9-22 互感滤波器的检测

2. 桥式整流堆 BD1 的检测

桥式整流堆 BD1 的作用是将交流 220V 电压进行整流，然后输出约 300V 左右的直流电压，若损坏，则无法正常地输出直流电压，使后级电路无法正常工作。对于桥式整流堆的检测，其检测方法可分为两种：加电状态下检测其工作电压和断电状态下检测其电阻值。

（1）加电状态下工作电压的检测

加电的状态下，若桥式整流堆正常，则可在其输出端检测到约 300V 的直流电压，其检测方法和检测引脚如图 9-23 所示。

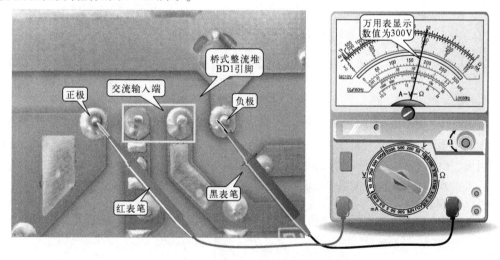

图9-23 BD1 输出端直流电压的检测

若 BD1 输出端的直流电压不正常，则可对 BD1 输入端的交流 220V 供电电压进行检测，其检测方法和检测引脚如图 9-24 所示。

对检测结果进行判断，若输入的交流 220V 供电电压正常，而输出的 300V 直流电压不正常，则桥式整流堆 BD1 可能已经损坏。

（2）断电状态电阻值的检测

在断电的状态下，BD1 交流输入端的正反向电阻值均为无穷大，其检测方法如图 9-25 所示。若测量的阻值趋于零，则证明该桥式整流堆 BD1 已经损坏。

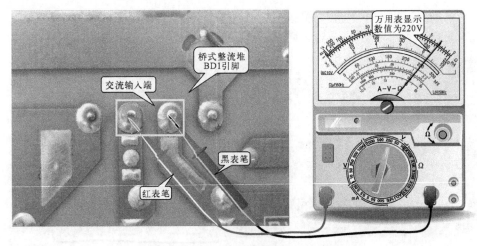

图9-24　BD1 输入端交流电压的检测

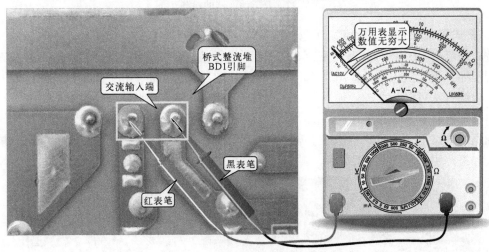

图9-25　BD1 交流输入端阻抗的检测

正常情况下，将万用表调至电阻挡，用红表笔接 BD1 直流输出端的正极，黑表笔接直流输出端的负极时，可以测得一个固定的正向电阻值，如图9-26 所示。将表笔对调，测量其反向阻值，此时表针应趋于无穷大。

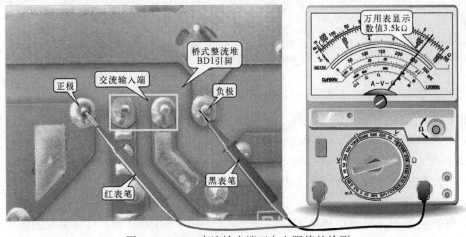

图9-26　BD1 直流输出端正向电阻值的检测

若检测值与标准值偏差太大，则可证明桥式整流堆已经损坏。在开路测量桥式整流堆的电阻值时，最好将其从电路板上拆下测量，以免受电路中元器件的影响。

3. 滤波电容器 C1 的检测

滤波电容器 C1 的主要功能是滤除直流电压中的杂波，将不稳定的直流电压变为稳定的直流电压，由该电容器输出的直流电压约为308V，正常的情况下，滤波电容器 C1 的正极可以测得 +308V 的直流电压，如图9-27 所示。

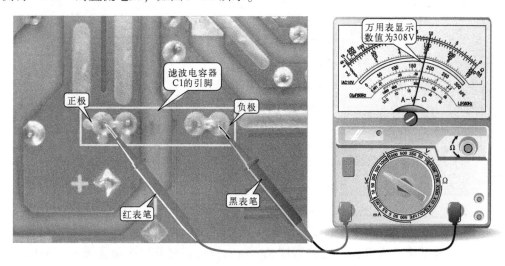

图9-27　滤波电容器 C1 输出电压的检测

若滤波电容器 C1 损坏，则会造成正极的 308V 直流电压直接短路到地，测量时其电压值可能会低于308V，甚至为 0V。此时可以在开路的状态下检测其阻值来确定其是否损坏。测量时，可将万用表调至电阻挡，然后将表笔分别接触电容器 C1 两端的引脚，正常情况下，万用表的指针会有一个摆动的过程，然后再摆至无穷大的位置上，如图9-28 所示。若检测时发现 C1 引脚间的阻值趋于 0Ω 或无充放电的过程，则可能已经损坏。

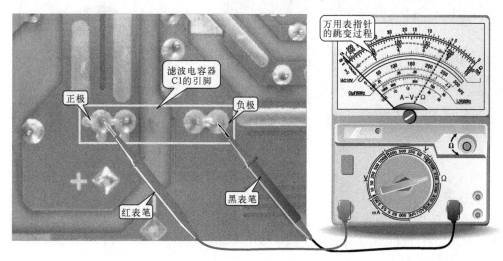

图9-28　电容器 C1 引脚间阻值的测量

4. 功率因数调整管 Q3、Q4 的检测

功率因数调整管 Q3、Q4 并联使用，其作用是将输入的电压进行功率因数调整，Q3、

Q4 均采用单栅 N 沟道场效应管，其检测可在开路的状态下进行。场效应管有 3 个引脚分别是栅极 G、源极 S 和漏极 D，开路的状态下，Q3 和 Q4 的源极 S 和漏极 D 之间应该有一个固定的电阻值，且正反向阻值相同，其检测方法如图 9-29 所示。若测得的阻值趋于无穷大或零，则证明场效应管可能已经损坏。

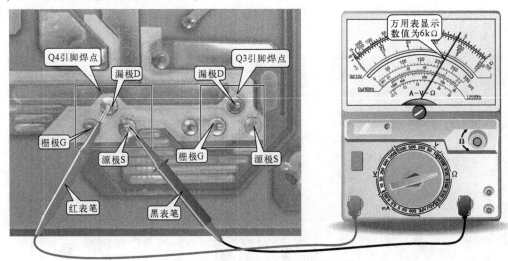

图 9-29   源极 S 和漏极 D 之间正反向阻值的检测

对于 N 沟道型场效应管，用黑表笔接触栅极 G，红表笔分别接触源极 S 和漏极 D 时，可测得一个固定的电阻值，其检测方法如图 9-30 所示，若它们之间的阻值趋于零或无穷大，则证明场效应管已经损坏。

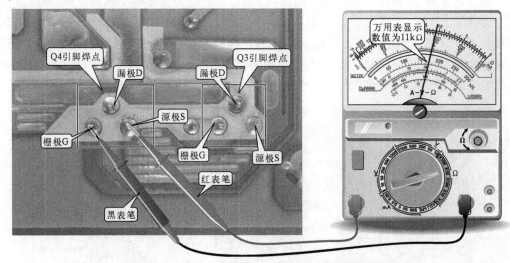

图 9-30   栅极 G 与源极 S、漏极 D 之间阻值的检测

5. 变压器 T1 的检测

变压器 T1 的作用是将输入的电压进行变压，然后由次级输出各组工作电压，在工作的情况下，若变压器可以正常工作，用示波器的探头靠近变压器的铁芯时，可以感应到变压器 T1 的波形，如图 9-31 所示。

此外，在断电的状态下可以用万用表的电阻挡来确定其好坏，正常的情况下，变压器 T1 初级绕组的两引脚之间的阻值应有一个趋于零的阻值，其次级相连引脚间的阻值也应趋于零，其检测方法如图 9-32 所示。

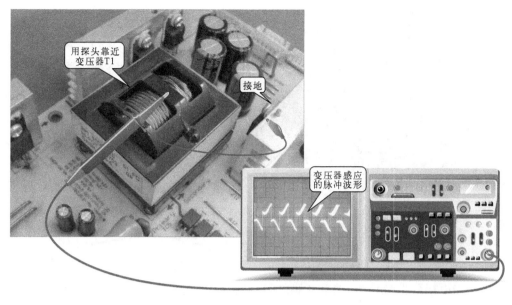

图 9-31　用示波器感应变压器 T1 的波形

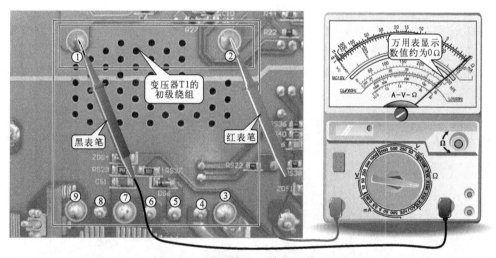

图 9-32　变压器 T1 引脚间阻值的测量

若相连引脚间的阻值有趋于无穷大的情况，则证明变压器 T1 内部有开路的故障。此外，变压器 T1 不相连引脚间的阻值应趋于无穷大，若测量时发现有趋于零的现象，则证明内部有短路的现象。

6. 光电耦合器 IC4、IC5、IC6、IC7 的检测

光电耦合器的内部其实就是一个发光二极管和一个光电晶体管的组合，下面以光电耦合器 IC4 为例来介绍一下它们的检测方法。

对于光电耦合器的检测，可以在开路的状态下检测其引脚间的正反向阻值来判断其好坏，首先检测光电耦合器 IC4 的①脚和②脚之间的正向阻值，检测时，须将万用表调至电阻挡，用黑表笔接①脚，红表笔接②脚，可以测得其正向阻值，如图 9-33 所示，正常时，应有一个固定的电阻值 5.5kΩ。

测量完毕后，将表笔对调，用红表笔接①脚，黑表笔接②脚，可以测得其反向阻值，正常时应趋于无穷大。

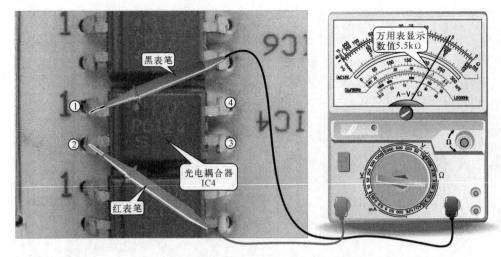

图9-33　测量 IC4 的①脚和②脚的正向阻值

此外，光电耦合器 IC4 的③脚和④脚之间的阻值都应为无穷大。若所测结果与上述值相差太大，则证明光电耦合器已经损坏。

7. 有源功率调整驱动电路 IC3 的检测

有源功率调整驱动电路 IC3（UCC28051）的主要功能是输出开关脉冲信号，用来控制输出端电源。若损坏，则电源电路无法输出开关脉冲信号，无法使开关电源电路工作在开关状态。

首先检测 UCC28051 的⑦脚输出端的电压，正常的情况下，该脚的电压值应为 0.6V 左右，其检测方法如图 9-34 所示。

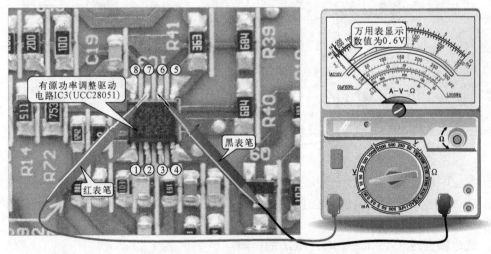

图9-34　UCC28051 的⑦脚输出电压的检测

若输出电压不正常，则 UCC28051 可能已经损坏，此时，可以首先检测其⑧脚的供电电压，正常情况下，该脚的供电电压应为 12V 左右，其检测方法如图 9-35 所示。

若供电正常而无输出，则 UCC28051 可能已经损坏，可用检测各引脚正反向阻值的方法来判断它的好坏。检测正向阻值时，须将万用表调至电阻挡，用黑表笔接地端，用红表笔分别接触 UCC28051 的各引脚；测量反向阻值时，保持万用表的挡位不变，用红表笔接地端，用黑表笔分别接触 UCC28051 的各引脚，UCC28051 正反向阻值的测量方法如图 9-36 所示。正常情况下，UCC28051 各引脚的正反向电阻值见表 9-3。

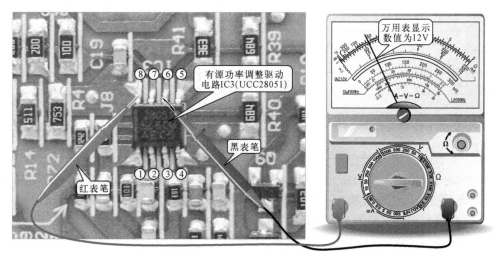

图9-35　UCC28051 的⑧脚输出电压的检测

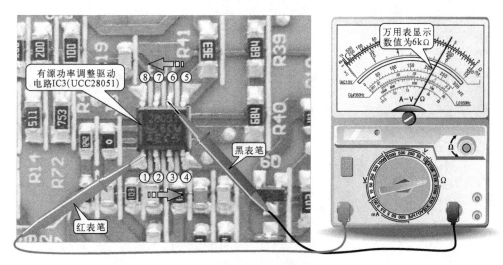

(a) UCC28051正向电阻值的检测

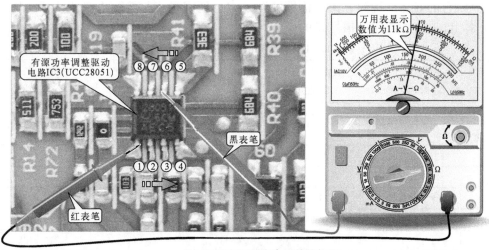

(b) UCC28051反向电阻值的检测

图9-36　UCC28051 正反向阻值的检测

表9-3　UCC28051 各引脚的正反向电阻值

引　脚　号	正向阻值（Ω）（黑笔接地）	反向阻值（Ω）（红笔接地）	引　脚　号	正向阻值（Ω）（黑笔接地）	反向阻值（Ω）（红笔接地）
①	6×1k	11×1k	⑤	6.5×1k	15×1k
②	7.5×1k	2×10k	⑥	0	0
③	7.5×1k	14×1k	⑦	6.5×1k	26×1k
④	4×100	4×100	⑧	6×1k	3.5×10k

若所测量的电阻值与正常情况下的电阻值有一定的差异，则证明 UCC28051 已经损坏。

8. 电源调整输出驱动电路 IC1 的检测

电源调整输出驱动电路 IC1（L6598D）的检测方法与 UCC28051 的检测方法基本相同，首先检测其⑫脚的 +12V 供电电压，如图 9-37 所示。

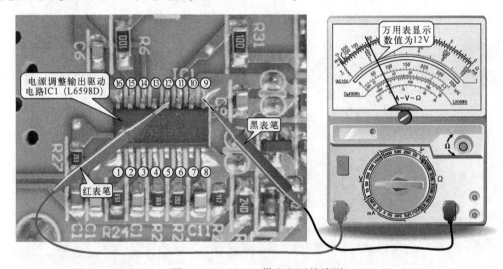

图9-37　L6598D 供电电压的检测

若供电电压正常，L6598D 还是无法正常工作，则可以用检测其各引脚间正反向阻值的方法来判断它的好坏，检测方法在前面的章节中已经讲过，此处不再赘述。正常情况下L6598D 各引脚的正反向电阻值见表9-4。

表9-4　L6598D 各引脚的正反向电阻值

引　脚　号	正向阻值（Ω）（黑笔接地）	反向阻值（Ω）（红笔接地）	引　脚　号	正向阻值（Ω）（黑笔接地）	反向阻值（Ω）（红笔接地）
①	8×1k	5×10k	⑨	0	0
②	7×1k	14×1k	⑩	0	0
③	7.5×1k	2.5×10k	⑪	6.5×1k	26×1k
④	8×1k	1.8×10k	⑫	5×1k	2×10k
⑤	9×1k	7×10k	⑬	∞	∞
⑥	1.5×1k	1.5×1k	⑭	5×1k	15×10k
⑦	11×1k	∞	⑮	14×1k	20×10k
⑧	5×1k	7.5×1k	⑯	5×1k	∞

　　若实际测量的电阻值与正常情况下标准的电阻值有一定的差异，则可能 L6598D 已经损坏。

9. 待机5V产生输出驱动电路 IC2 的检测

　　待机 5V 产生输出驱动电路 IC2（TEA1532）的主要功能是与后级电路中的变压器和开关管等器件相配合，用来产生 5V 的待机电压，正常情况下，TEA1532 的⑧脚为 300V 直流电压输入端，其检测方法如图 9-38 所示。在待机的状态下，该脚的电压应在 310V 左右。

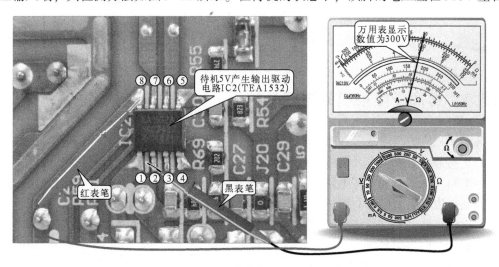

图 9-38　TEA1532 的⑧脚 300V 电压的检测

　　该电路也可以用检测其供电电压和正反向对地阻值的方法来判断它的好坏，其检测方法在前面的章节中已经讲过，此处不再赘述，正常情况下，TEA1532 的正反向对地阻值见表 9-5。

表 9-5　TEA1532 各引脚的正反向电阻值

引　脚　号	正向阻值（Ω）（黑笔接地）	反向阻值（Ω）（红笔接地）	引　脚　号	正向阻值（Ω）（黑笔接地）	反向阻值（Ω）（红笔接地）
①	5.2×1k	∞	⑤	9×1k	10×1k
②	0	0	⑥	7.2×1k	5×1k
③	8×1k	2×10k	⑦	5.2×1k	4×1k
④	7×1k	9×1k	⑧	5.8×1k	∞

习　题　9

简答题

1. 简述互感滤波器的检测方法。
2. 如何判别桥式整流堆是否有故障？
3. 如何判别开关振荡电路工作是否正常？

第10章 等离子电视机的整机结构和信号处理过程

10.1 等离子电视机的整机结构

等离子电视机的图像显示器件是等离子体显示屏，它是采用等离子体放电发光的方式显示图像。它与液晶电视机的区别是显示器件不同，因而，驱动显示屏的信号也不同。而电视信号接收电路（调谐器和中频电路）、视频解码电路、音频信号处理电路、微处理器和控制电路与液晶电视机所采用的电路基本上是相同的。等离子显示屏没有背部光源，因而也不需要背光灯供电电路（逆变器电路）。等离子电视机的数字图像信号处理电路以及电源供电电路是它特有的电路。

10.1.1 典型等离子电视机的整机构成

如图 10-1 所示为长虹 PT4206 型等离子电视机的整机结构图，由图可知，该等离子电视机主要由调谐器和音频信号处理电路、数字图像处理电路、逻辑电路板、电源电路和等离子显示屏驱动电路等组成。

逻辑电路板位于数字图像处理电路板的下面，其结构如图 10-2 所示。

10.1.2 等离子电视机各单元电路的功能

1. 一体化调谐器

该机的调谐器与中频电路都被制在了一个屏蔽盒内，又称为一体化调谐器。由天线接收的射频信号首先进入调谐器电路中，进行高频放大、本振和混频后输出中频信号送往中频电路，中频电路会将调谐器电路送来的中频信号进行处理，然后解调出视频和第二伴音中频信号。视频和第二伴音中频信号再送往音频信号处理电路和数字图像处理电路进行处理。

2. 音频信号处理电路

该机的音频信号处理电路与调谐器电路制在一个电路板上，由调谐器电路输出的第二伴音中频信号和 AV 输入接口等电路送来的音频信号，首先进入音频信号处理电路中进行第二伴音中频解调、音频切换等处理，处理后的音频信号送往数字音频功率放大器中，进行功率放大，将音频信号放大到足够的功率后去驱动扬声器发声。

3. 数字图像处理电路

等离子电视机中的数字图像处理电路是比较重要的一个电路，它主要的功能就是进行视频图像信号的处理，由调谐器、AV 输入接口、S 端子、分量视频接口、VGA 接口、DVI 接口等送来的视频信号分别经视频解码器、模数转换器、DVI 接口芯片等电路后，将模拟图像信号

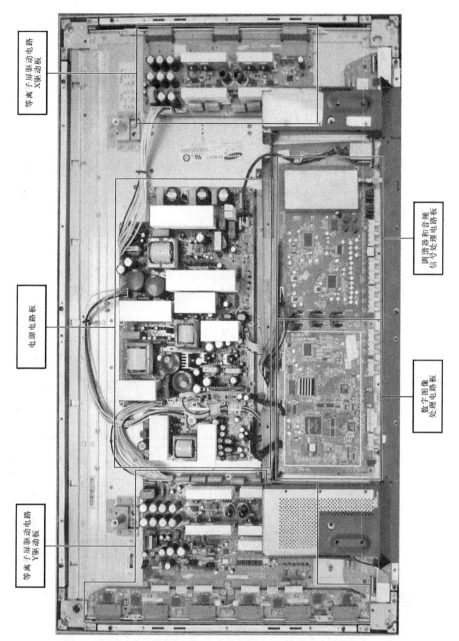

等离子屏驱动电路 X驱动板

电源电路板

等离子屏驱动电路 Y驱动板

调谐器和音频 信号处理电路板

数字图像 处理电路板

图 10-1　长虹 PT4206 型等离子电视机的整机结构图

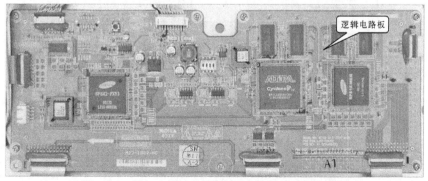

逻辑电路板

图 10-2　长虹 PT4206 型等离子电视机的逻辑电路板

转换为数字图像信号，DVI 本身就是数字图像信号，只进行格式变换处理。然后送往数字视频处理电路和图像处理器等进行处理，然后经等离子屏驱动信号输出电路输出等离子屏驱动信号。

4. 电源电路

等离子电视机的电源电路主要是为等离子屏和调谐器、音频信号处理电路、视频信号处理电路、逻辑板电路及等离子屏驱动电路提供直流工作电压的电路，交流 220V 电压进入电源电路后，首先经过滤波和抗干扰处理，然后经整流和滤波电路后，形成直流电压，然后再经开关振荡电路和开关变压器构成的开关电源，再输出各组不同的电压值，为等离子电视机的各部分供电。此外，该机的电源电路中还设有保护电路，当有某路电压出现异常时，会自动关断开关电源，从而对等离子电视机中的其他电路进行保护。

5. 逻辑板和等离子屏驱动电路

由数字图像处理电路输出的图像显示信号和行场同步信号经屏线后送往逻辑电路板，它实际上就是一个逻辑控制单元，该电路将数字图像处理电路送来的信号转换为图像数据信号和扫描驱动信号，该信号被分别送往等离子驱动电路中的数据驱动集成电路，以及 X、Y 信号的扫描驱动电路，从而使等离子屏发出不同的光，将图像显示在屏上。

10.2　等离子电视机的信号处理过程

10.2.1　等离子电视机各种信号的关联

如图 10-3 所示为典型等离子电视机的功能方框图。

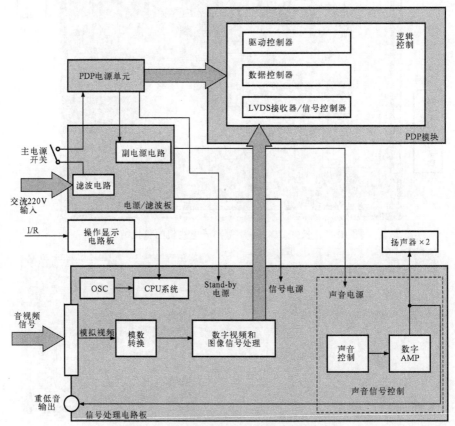

图 10-3　典型等离子电视机的功能方框图

由图 10-3 可知，等离子电视机主要是由三大部分构成的，分别是电源供电电路、信号处理电路和 PDP 模块。电源电路为整机电路和等离子屏提供工作电压，信号处理电路主要用来将输入的模拟音视频信号和数字音视频信号进行处理，音频信号经放大后去驱动扬声器发声，视频信号经处理后经屏线输出图像显示信号。图像显示信号被送往 PDP 显示组件中，经逻辑板处理后输出等离子屏驱动信号，来驱动等离子屏显示图像。

10.2.2 等离子电视机的信号流程

如图 10-4 所示为长虹 PT4206 型等离子电视机的信号流程图，如图 10-5 所示为该机的

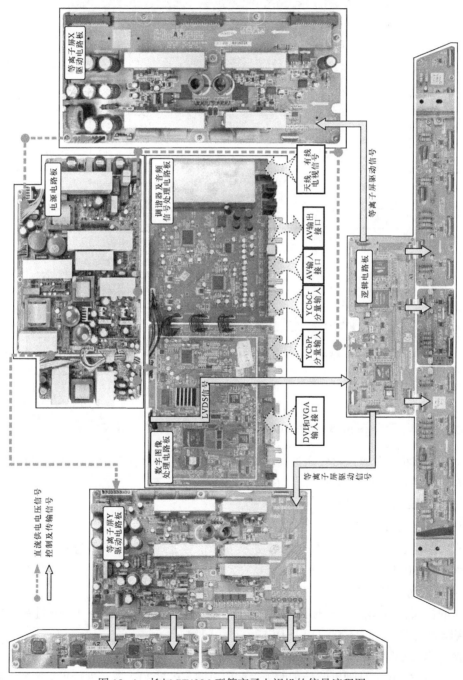

图 10-4 长虹 PT4206 型等离子电视机的信号流程图

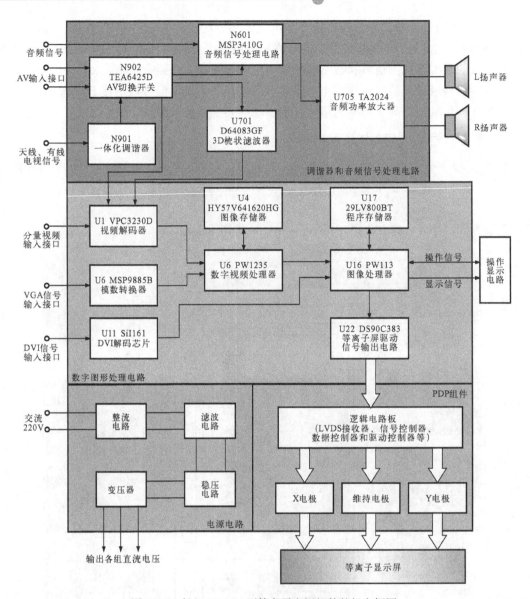

图 10-5 长虹 PT4206 型等离子电视机的整机方框图

整机方框图。该机不仅可以接收由调谐器送入的天线和有线电视等信号，还可以接收 AV 信号、复合视频信号、分量视频信号、VGA 信号、DVI 信号等。

1. 音频信号的信号流程

音频信号经调谐器、AV 输入接口以及 VGA 和 DVI 音频输入接口送来的音频信号，首先进入音频信号处理电路 MSP3410G 中，进行音频信号处理，处理后的音频信号还需要音频功率放大器 TA2024 进行放大，将音频信号放大到一定的功率后去驱动扬声器发声。

2. 视频信号的信号流程

该机的视频信号输入方式有很多种，例如，调谐器、AV 输入接口、分量视频输入接口、S 视频输入端子、VGA 接口以及 DVI 数字输入接口等。

由调谐器、AV 输入等接口送来的视频信号首先进入视频切换开关 TEA6425D 中进行切换，然后送往数字图像处理电路板中的视频解码电路 VPC3230D 中，进行视频解码，将模拟的视频信号变为数字视频信号，送往数字视频处理器 PW1235 中，将数字视频信号变为数字 R、G、B 图像信号，以便于图像处理器 PW113 处理。由 PW113 处理后的数据图像信号又被送往等离子屏驱动信号输出电路 DS90C383，然后输出图像显示信号。

　　由 VGA 接口送来的模拟视频信号首先要送往模数转换器 MST9885 中进行模数转换，处理后的数字视频信号被送往 PW1235 中将视频信号变为数字 R、G、B 信号，然后送入 PW113 中。而由 DVI 接口送来的数字图像 R、G、B 信号经 DVI 接口芯片 SiI161 处理后直接送入 PW113 中进行处理，然后输出数据图像信号，最后 DS90C383 输出图像显示信号。

3. 电源电路的信号流程

　　本机采用的电源型号为三星 V3 屏使用的 LJ44－00068A 型电源电路，该机的电源电路通过各元器件的配合，将交流 220V 电压进行整流、滤波、变压等处理，然后由不同的电路输出不同的直流电压，从而为等离子电视机中的各部分电路提供工作电压。

习　题　10

简答题

1. 简述典型等离子电视机的整机构成。
2. 简述等离子电视机中视频信号的处理过程。
3. 简述等离子电视机中音频信号的处理过程。

第11章 等离子电视机数字图像处理电路的结构和检修方法

11.1 数字图像处理电路的基本结构和检修方法

数字图像处理电路是等离子电视机中的核心电路，它可以将模拟视频信号转换为数字信号进行数字处理和格式变换，或直接将数字信号进行处理，变成驱动等离子屏的驱动数据，同时数字图像处理电路中还包括微处理器电路，为等离子电视机的各部分提供控制信号。

11.1.1 数字图像处理电路的基本结构和工作原理

数字图像处理电路作为等离子电视机的关键部位，主要包括视频解码器、模数（A/D）变换器、数字图像处理器、数字视频处理器、微处理器以及各种存储器等，下面以长虹PT4206型等离子电视机中的数字图像处理电路的基本结构为例进行电路分析。

如图11-1所示为长虹PT4206型等离子电视机中的数字图像处理电路板，由图可知该电路主要是由视频解码器VPC3230D、数字视频处理器PW1235、数字图像处理芯片PW113、模数转换器MST9885B、DVI接口芯片SiI161B、图像存储器HY57V641620HG、程序存储器29LV800BT、等离子屏驱动信号输出电路DS90C383等器件组成的。

如图11-2所示为长虹PT4206型等离子电视机数字图像处理电路的视频处理过程，它可以处理由一体化高频头、AV输入接口、S端子、分量视频输入接口、VGA接口、DVI接口等送来的视频信号。

由图11-2可知，外部接口送来的视频信号为多路视频信号，由于各种信号的格式不同，需要分别进行处理。然后再进行视频处理和数字图像处理。然后输出等离子屏的驱动信号来驱动等离子屏，视频信号的处理过程主要可以分为以下几种。

- 视频信号处理过程1：由调谐器、AV输入接口、分量视频输入接口送入的视频信号首先经AV切换器选择后，分别由视频信号输入插件XP911、XP912和XP913送入视频解码器VPC3230D中，经Y/C分离（只用于NTSC制视频信号）、色度解码、A/D变换后输出数字视频信号，然后送入数字视频处理器PW1235中，经画面改善处理后输出高质量数字视频信号，送入图像处理器PW113中，PW113将输入的数字视频信号进行处理，然后输出数字R、G、B显示信号，经等离子屏驱动输出电路DS90C383后用来驱动等离子屏显示图像。

- 视频信号处理过程2：由VGA接口送来的模拟视频图像信号首先进入模数转换器MST9885B中变为数字视频信号，然后送入数字视频处理器PW1235中，输出高质量数字视频信号，同样进入PW113中进行处理，来输出数字R、G、B显示信号，由DS90C383送入等离子屏。

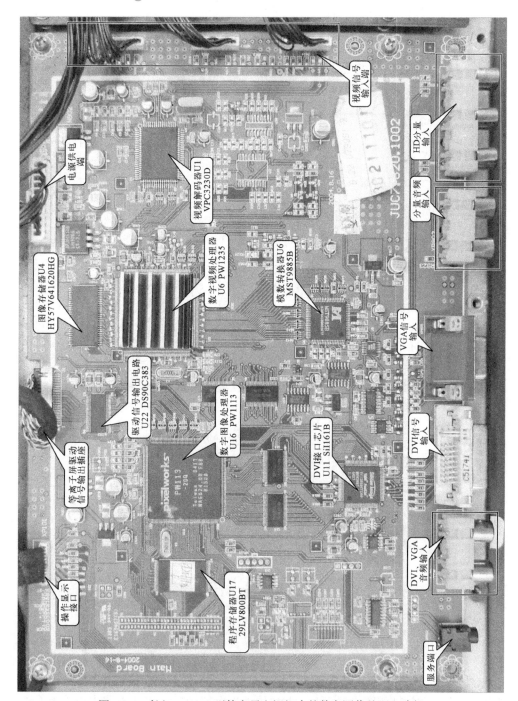

图 11-1　长虹 PT4206 型等离子电视机中的数字图像处理电路板

● 视频信号处理过程 3：由 DVI 送来的数字信号直接进入 DVI 信号接口电路 SiI161B 中进行数字处理，然后输出数字三基色信号，然后直接送往图像处理器 PW113 中进行数字信号处理，然后输出 R、G、B 三基色显示信号，送往 DS90C383 来驱动等离子屏工作。

1. 视频解码器

视频解码器是用来将模拟复合和分量等视频信号进行处理和变换的电路，视频信号变为数字信号后才能进行画质改善等处理，如图 11-3 所示为视频解码器 VPC3230D 的外形图，其内部结构如图 11-4 所示。

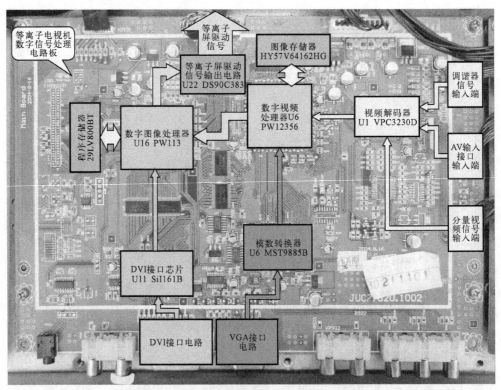

图 11-2 长虹 PT4206 型等离子电视机中的数字图像处理电路的视频处理过程

图 11-3 视频解码器 VPC3230D 的外形图

如图 11-5 所示为视频解码器 VPC3230D 的外部电路图，该集成电路中设有复合视频和 Y/C 分离的信号输入接口电路和模拟分量视频接口电路。

由内部结构和外围电路图可知，复合视频信号输入信号接口可同时输入多路视频信号，信号经切换后再经 AGC 放大，然后再进行 A/D 变换变成数字信号，数字视频信号经自适应梳状滤波器（PAL/NTSC）进行 Y/C 分离，然后再进行解码，解码后变成数字式分量信号。

模拟分量视频接口电路可以接收 Y、Cr、Cb 信号，也可以接收 R、G、B 信号。信号在集成电路中先进行切换，然后进行 A/D 变换，再经矩阵电路变成数字分量信号。在这个电路中还可以进行亮度、对比度和色饱和度的调整。

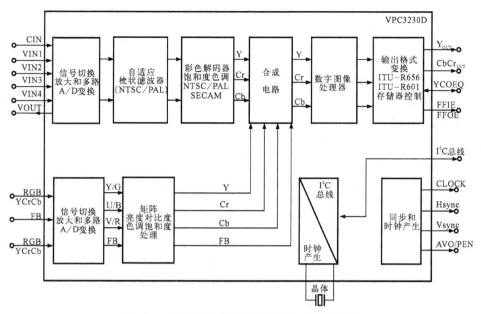

图 11-4 视频解码器 VPC3230D 的内部结构图

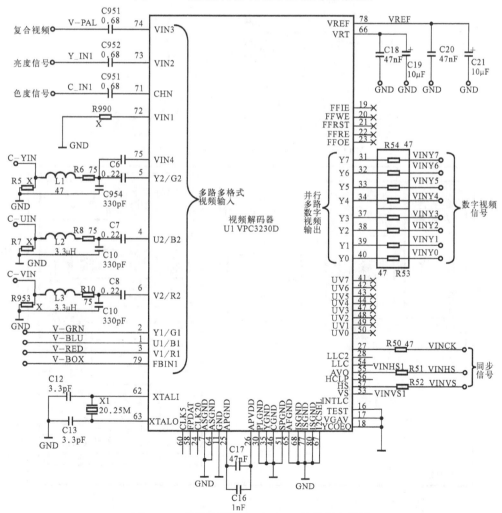

图 11-5 视频解码器 VPC3230D 的外部电路图

两路数字分量视频信号送入合成电路中进行切换和合成处理，然后送到数字图像处理器进行处理，该电路内部设有可编程处理的视频图像增强电路，以提高图像的清晰度和鲜明度。处理后在输出电路中进行格式变换和存储器控制处理，同时对图像进行亮度、对比度、色调、色饱和度的控制。最后输出数字视频信号和存储器控制信号。

在输出图像信号的同时，由同步和时钟产生电路输出行场同步和数字时钟等信号。

该集成电路中还设有 I^2C 总线接口电路，接收 CPU 的控制指令。

外接石英晶体与内部电路组合产生时钟信号。

2. 数字视频处理器

数字视频处理器是用来处理数字视频信号的电路，它可以接收标准的数字视频信号，进行画质改善处理后输出高画质视频图像信号，如图 11-6 所示为数字视频处理器 PW1235 的外形图，由于工作功率较高，因而安装有散热片，其内部结构如图 11-7 所示。

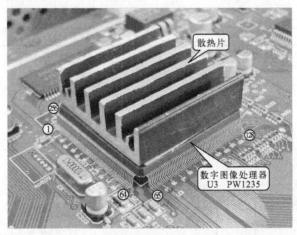

图 11-6 数字视频处理器 PW1235 的外形图

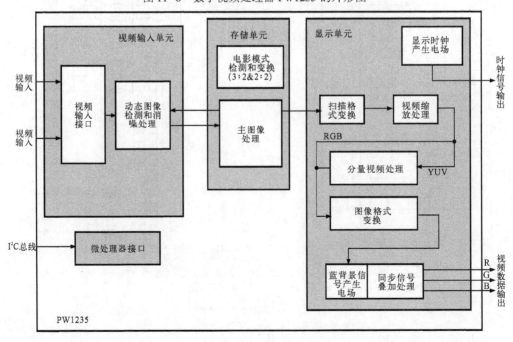

图 11-7 数字视频处理器 PW1235 的内部结构图

如图 11-8 所示为数字视频处理器 PW1235 的输入接口电路图，由视频解码器送来的数字视频信号进入 PW1235 的①脚～⑨脚，经内部电路进行消噪、主图像处理、扫描格式变换、图像缩放处理、图像格式变换等处理后，由③①～④⑩脚输出三组数字 R、G、B 信号。此外，PW1235 还需要两组供电电源（2.5 V 和 3.3 V），用来提供供电电压。

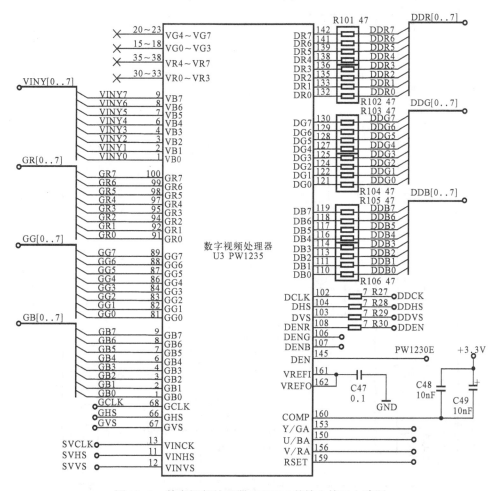

图 11-8　数字视频处理器 PW1235 的输入接口电路图

3. 图像处理器

长虹 PT4206 型等离子电视机中使用的图像处理器为 PW113，其外形如图 11-9 所示，其内部结构如图 11-10 所示，PW113 是高性能的可编程的图像处理器，它采用高质量的图像缩放技术，其中包括高级 OSD 控制、灵活的输入接口、系统内置的内存和强大的 86186 微处理器、支持行和场图像智能缩放、图像自动最优化，可使屏幕上的图像显示精细完美。

如图 11-11 所示为图像处理器 PW113 的输入/输出接口电路。PW113 可以接收 24

图 11-9　图像处理器 PW113 的外形图

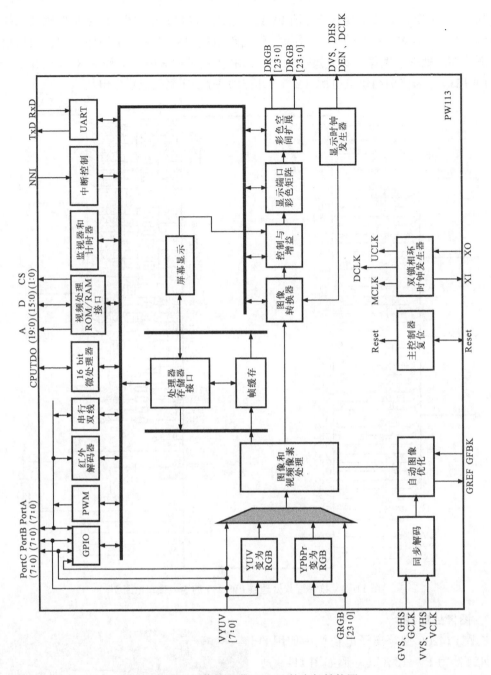

图 11-10　图像处理器 PW113 的内部结构图

位数字三基色 R、G、B 信号和视频 Y、U、V 信号输入，然后转变为 48 位数字 R、G、B 显示信号输出。PW113 能接收不同格式的视频图像信号，可进行格式变换，并能进行数字处理图像位置和大小、图像信号的增益等参数也能进行自动设置，在图像自动最优化电路中，图像可以进行淡化处理。此外 PW113 还可以精确调整输入信号的分辨率。

此外 PW113 主要有两组供电电源，分别是 1.8 V 供电端和 3.3 V 供电端，用来为 PW113 的工作提供直流电源。

PW113 中有一个内置的存储器，用来存储图像、屏显数据或微处理器 RAM 数据，同时

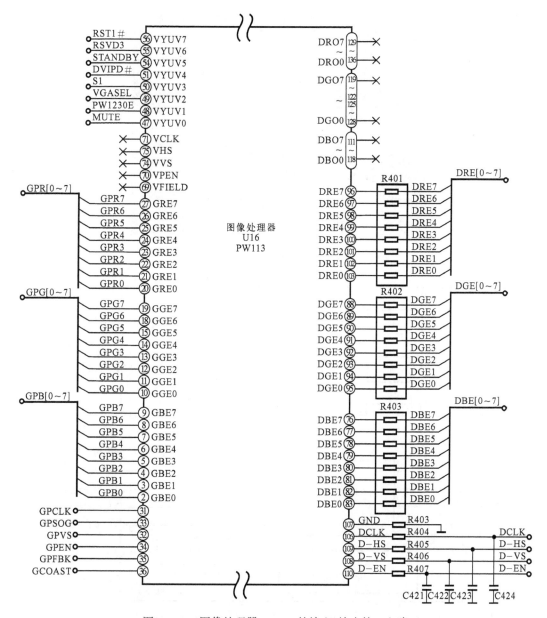

图 11-11 图像处理器 PW113 的输入/输出接口电路

外接程序存储器，用来存储图像处理过程中所需要的工作程序。PW113 还外接晶体 X3 与内部的电路形成时钟振荡器，用来控制微处理器、存储器和各种显示数据时钟。

PW113 内置微处理器，它的扩展端口包括中断接口、通用的 I/O 口、异步通信头、红外解码器、PWM 输出和定时器等全部的功能，还包括 EPROM、ROM、RAM 接口电路，用来为操作显示电路输出控制信号。

4. 模数转换器

在长虹 PT4206 型等离子电视机中，由 VGA 接口送来的模拟信号首先在模数转换器 MST9885B 中进行模数转换，它将 3 组模拟信号转换为 3 组数字信号，其外形如图 11-12 所示。如图 11-13 所示为模数转换器 MST9885B 的内部功能图，它包含输入缓冲器、信号直流恢复电路、复位、增益调整电路、像素时钟发生器、采样相位控制电路等。

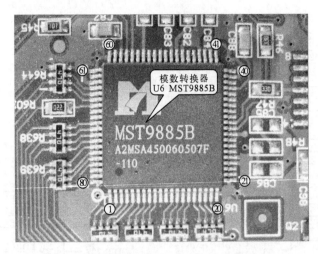

图 11-12　模数转换器 MST9885B 的外形图

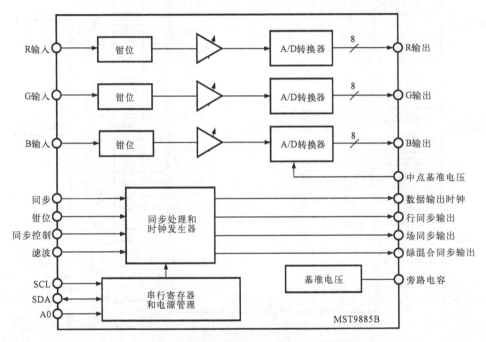

图 11-13　模数转换器 MST9885B 的内部功能图

　　如图 11-14 所示为模数转换器 MST9885B 的外围电路图，由 VGA 接口送来的 R、G、B 信号分别送到⑤④脚、⑭⑧脚、④③脚，经内部电路钳位和 A/D 转换器处理后输出三组数字 R、G、B 信号，送往数字视频处理器 PW1235。

5. DVI 解码芯片

　　长虹 PT4206 型等离子电视机可以直接接收 DVI 数字信号，其中用 DVI 解码芯片对输入的 DVI 信号进行处理，然后输出数字 R、G、B 信号，如图 11-15 所示为 DVI 解码芯片 SiI161B 的外形图，其内部功能图如图 11-16 所示。

　　如图 11-17 所示为 DVI 解码芯片 SiI161B 的外围电路图，由 DVI 接口送来的视频信号和时钟信号首先进入 DVI 解码芯片的⑨⓪脚、⑨①脚、⑧⑤脚、⑧⑥脚、⑧⓪脚、⑧①脚、⑨③脚、⑨④脚，经内部电路进行 VRC、数据恢复、同步处理和解码后输出三组数字 R、G、B 信号。

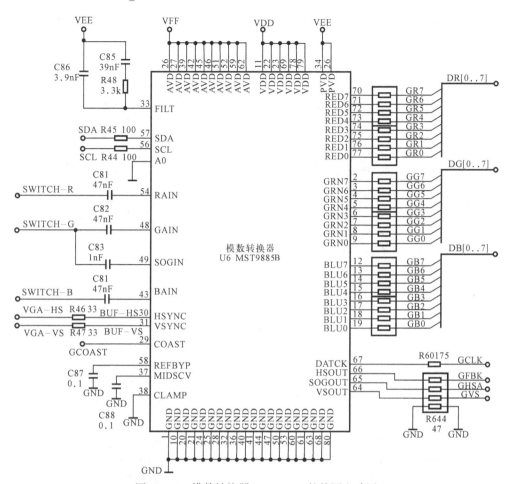

图 11-14 模数转换器 MST9885B 的外围电路图

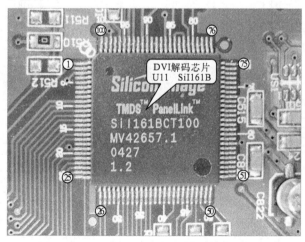

图 11-15 DVI 解码芯片 SiI161B 的外形图

6. 存储器

该机中设有图像存储器和程序存储器两个主要的存储器电路，存储器用来存储相应的程序或暂存图像信息。如图 11-18 所示为图像存储器 HY57V641620HG 和程序存储器 29LV800BT 的外形图。

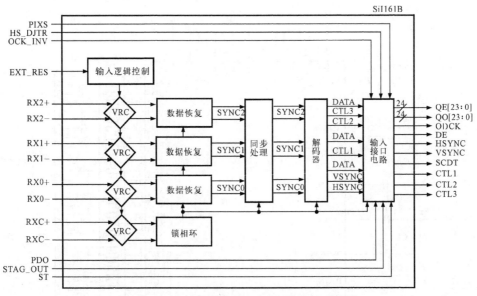

图 11-16　DVI 解码芯片 SiI161B 的内部功能图

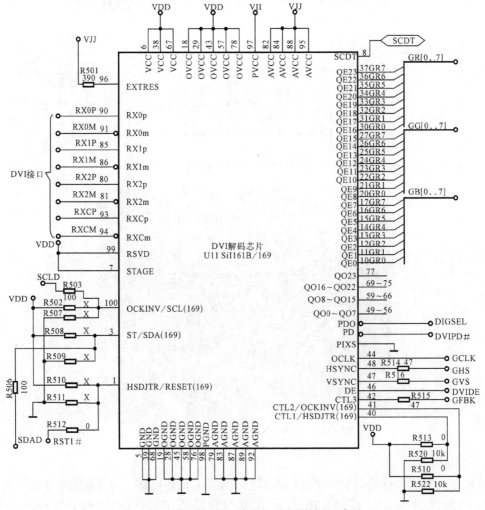

图 11-17　DVI 解码芯片 SiI161B 的外围电路图

图 11-18　图像存储器 HY57V641620HG 和程序存储器 29LV800BT 的外形图

7. 等离子屏驱动信号输出电路

由图像处理器输出的数字 R、G、B 信号被送到等离子屏驱动信号输出电路 DS90C383 中，如图 11-19 所示为等离子屏驱动信号输出电路 DS90C383 的外形图，其内部功能如图 11-20 所示。

如图 11-21 所示为等离子屏驱动信号输出电路 DS90C383 的外围电路图，由图可知，数字 R、G、B 信号输入 DS90C383 内部后，经 TTL 并行数据到 LVDS 数据的转换后，输出四组等离子屏驱动信号和一组时钟信号，送往等离子屏驱动信号输出插件 J15 中，用来驱动等离子屏显示图像。

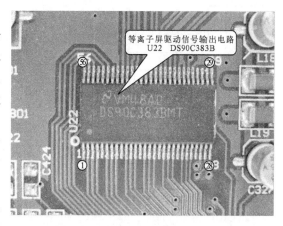

图 11-19　等离子屏驱动信号输出电路
DS90C383 的外形图

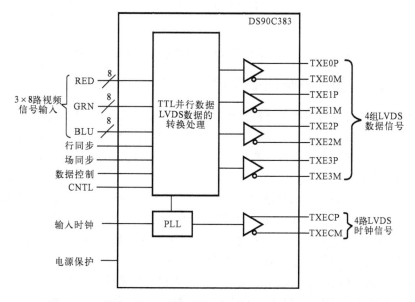

图 11-20　等离子屏驱动信号输出电路 DS90C383 的内部功能图

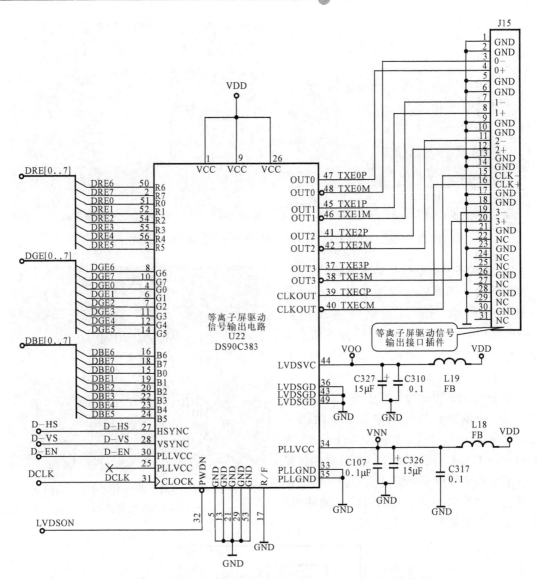

图 11-21　等离子屏驱动信号输出电路 DS90C383 的外围电路图

11.1.2　数字图像处理电路的故障检修流程

数字图像处理电路作为等离子电视机中重要的信号处理部位，其功能较多，故障也较频繁，由于其集成度较高，给维修工作带来了一定的麻烦。若数字图像处理电路出现故障，可遵循一定的故障检修流程进行检修，如图 11-22 所示为长虹 PT4026 型等离子电视机数字图像处理电路的检修流程。

由图 11-22 可知，数字图像处理电路的故障可以分为三路，分别是由调谐器和 AV 输入接口送来的视频信号，由 VGA 接口送来的视频信号以及由 DVI 送来的视频信号。若由这三路送来的视频信号都无法正常显示，则说明故障可能是由于数字视频处理器 PW1235、图像处理器 PW113、等离子屏驱动信号输出电路 DS90C383 等器件损坏造成的。

若数字图形图像处理电路接收调谐器和 AV 输入接口送来的视频信号时，无法正常显示图像，而接收由 VGA 和 DVI 接口送来的视频信号时，可以正常显示图像，在供电都正常的情况下，则说明故障器件可能在调谐器和 AV 输入接口电路的路上，如调谐器、AV 转换开

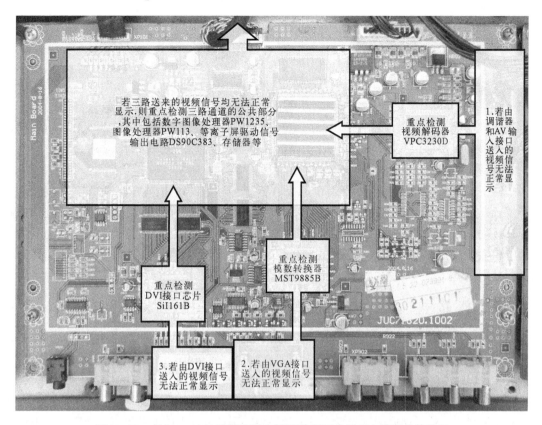

若三路送来的视频信号均无法正常显示,则重点检测三路通道的公共部分,其中包括数字图像处理器PW1235、图像处理器PW113、等离子屏驱动信号输出电路DS90C383、存储器等

重点检测视频解码器VPC3230D

1.若由调谐器和AV输入接口送入的视频信号无法正常显示

重点检测模数转换器MST9885B

重点检测DVI接口芯片SiI161B

3.若由DVI接口送入的视频信号无法正常显示

2.若由VGA接口送入的视频信号无法正常显示

图 11-22 长虹 PT4026 型等离子电视机数字图像处理电路的检修流程

关、视频解码器 VPC3230D 等，也可能是由于数字视频处理器 PW1235 或图像处理器 PW113 等器件的故障。

使用同样的方法也可以判断 VGA 和 DVI 接口通路部分是否有故障，若只有 VGA 送来的视频信号无法正常显示，则可能是 VGA 接口通路的故障，如 VGA 接口、模数转换器 MST9885B 等器件；若只有 DVI 送来的视频信号无法正常显示，则可能是 DVI 输入接口、DVI 处理芯片等器件损坏造成的。

11.2 数字图像处理电路的故障检修

数字图像处理电路作为等离子电视机中的关键部位，其故障率也较高，若出现故障，其故障现象也各不相同，若伴音信号正常，而视频信号不正常，则可能是数字图像处理电路存在故障造成的。

11.2.1 数字图像处理电路的故障表现

数字图像处理电路出现故障后，可造成等离子电视机无法正常显示图像，其故障表现主要有以下几种。

1. 黑屏

黑屏的故障是指开机后，等离子电视机的红色指示灯变色，但屏幕的表现为黑屏，无任何图像。这种故障现象可能就是由于数字图像处理电路不良造成的，首先检查数字图像处理电路的屏线接口是否有虚焊、脱焊等现象，用示波器检测其输出信号是否正常。若不正常，则可能是由于等离子屏驱动信号输出电路或图像处理器等器件损坏造成的。

2. 无图像

等离子电视机输入的视频信号可以分为多种，即高频头输出的视频信号、AV 输入接口、分量视频接口、S 端子接口、VGA 接口以及 DVI 接口等输入的视频图像信号。所以等离子电视机无图的故障也可表现为多种，若由各种输入接口送来的视频信号都无法正常工作，则故障可能在图像处理器、等离子屏驱动信号输出电路以及屏线接口等。若只有一路输入的视频信号无法显示，则故障可能在该路的元件中，依次检查该路的元器件即可。

3. 图像异常

等离子电视机图像异常的故障表现可以有很多种，如花屏（马赛克现象）、颜色异常、满屏绿色、缺色以及水平横条干扰等。这些故障大多是由等离子电视机的数字图像处理电路损坏造成的，应重点检测视频输入端以及等离子屏驱动信号输出端的各个元器件，如视频解码器、模数变换器、DVI 解码电路、数字视频处理器、图像处理器、驱动信号输出电路、存储器以及屏线等。

11.2.2　数字图像处理电路的故障检修方法

若等离子电视机的数字图像处理电路出现故障，则应根据故障现象并顺着电路的检修流程对其进行检修，在检修时可对等离子电视机输入一路视频信号，然后检测各关键器件。下面以长虹 PT4206 型等离子电视机的数字图像处理电路为例，来介绍它的故障检修方法。

首先为长虹 PT4206 型等离子电视机的 AV 输入接口输入标准的视频信号，可为等离子电视机外接视盘机，然后播放测试光盘，以下就是数字图像处理电路的几种具体故障检修方法。

1. 视频解码器的检测方法

由 AV 输入接口送来的视频信号首先进入 AV 切换电路，经插件送到视频解码器 U1（VPC3230D）的⑦③脚，把示波器的接地夹接地，用探头接触该脚即可测得输入模拟视频信号的波形，如图 11-23 所示。

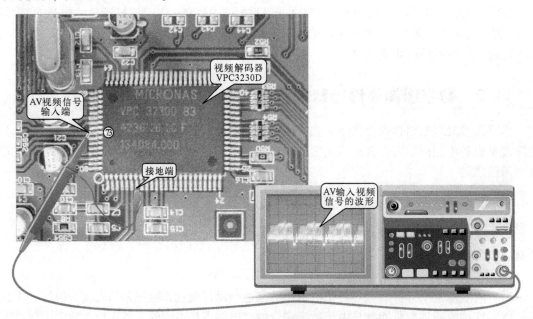

图 11-23　VPC3230D 输入模拟视频信号的波形

模拟信号经内部电路处理后由㉛脚～㊵脚输出数字视频信号，用示波器检测时可测得数字视频信号的波形，如图11-24所示。

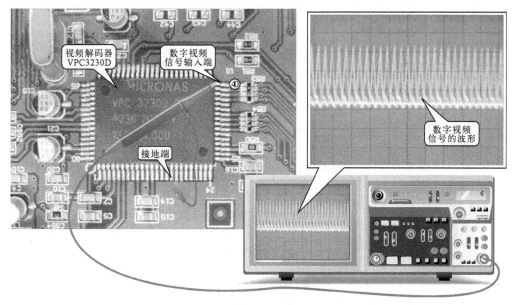

图11-24 VPC3230D输出数字视频信号的波形

若VPC3230D输入的视频信号正常，而输出的视频信号不正常，则估计是VPC3230D工作条件（工作电压、晶振信号等）不正常或电路本身损坏。首先对供电电压进行测量，VPC3230D有两组供电电压，其中⑩脚、㉙脚、㊱脚、㊺脚、㊼脚为+3.3V供电端，㊾脚、㊻脚、㊱脚为+5V供电端。以⑩脚的+3.3V供电电压为例，将万用表调至直流10V挡，用黑表笔接接地端，用红表笔接触⑩脚，此时万用表显示的数值为3.3V，正常，如图11-25所示。

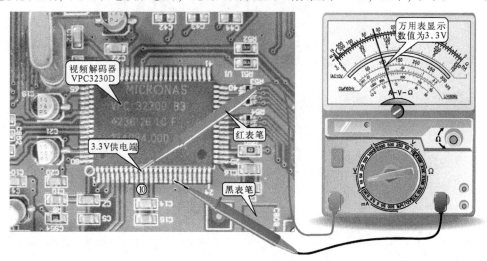

图11-25 VPC3230D供电电压的检测

此外，晶振信号也是该集成电路的标志性信号，若无，VPC3230D无法正常工作，用示波器的探头接触㉒脚或㉓脚时可以测得晶振信号的波形，如图11-26所示。

若供电电压正常，输出的数字视频信号和晶振波形不正常，则证明VPC3230D可能已经损坏。正常情况下VPC3230D主要引脚的波形如图11-27所示。

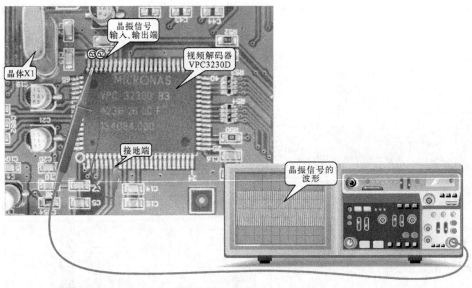

图 11-26 VPC3230D 晶振信号的检测

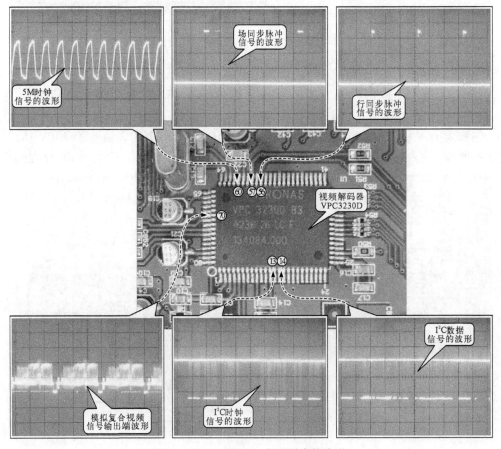

图 11-27 VPC3230D 主要引脚的波形

2. 数字视频处理器的检测方法

数字视频处理器 PW1235 是处理数字视频信号的关键部位，若损坏则等离子电视机无法正常显示图像。下面就介绍一下 PW1235 的检测方法。

首先检测由①脚～⑨脚输入的数字视频信号，其检测方法如图 11-28 所示，若输入的视频信号不正常，则证明前级电路有故障，若输入的视频信号正常，则应检测 PW1235 输出的数字 R、G、B 信号。

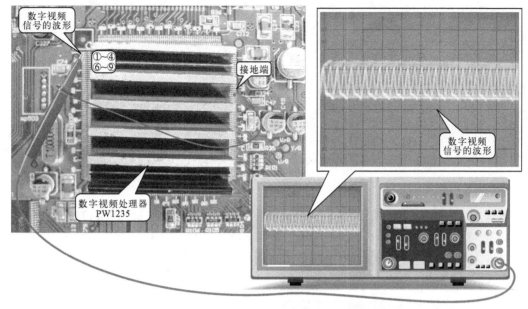

图 11-28　PW1235 输入视频信号的检测

接下来检测由 PW1235 处理后输出的 R、G、B 信号，其中数字 R 视频信号是由 PW1235 的⑬②脚、⑬③脚、⑬⑤脚、⑬⑥脚、⑬⑧脚、⑬⑨脚、⑭①脚和⑭②脚输出的，用示波器的探头接触这些引脚时，可以测得数字 R 信号的波形，如图 11-29 所示。

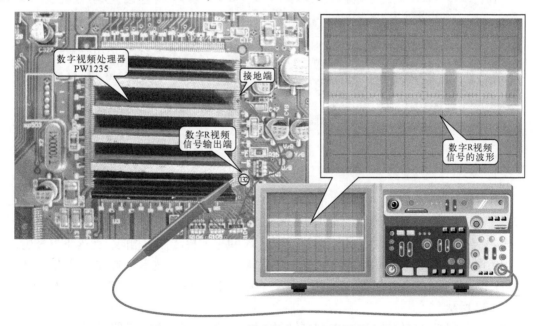

图 11-29　PW1235 输出数字 R 视频信号的波形

数字 G 视频信号是由⑫①脚、⑫②脚、⑫④脚、⑫⑤脚、⑫⑦脚、⑫⑧脚、⑫⑨脚和⑬⓪脚输出的，数字 B 视频信号是由⑪⓪脚、⑪①脚、⑪③脚、⑪④脚、⑪⑥脚、⑪⑦脚、⑪⑧脚和⑪⑨脚输出的，其信号波形如图 11-30 所示。

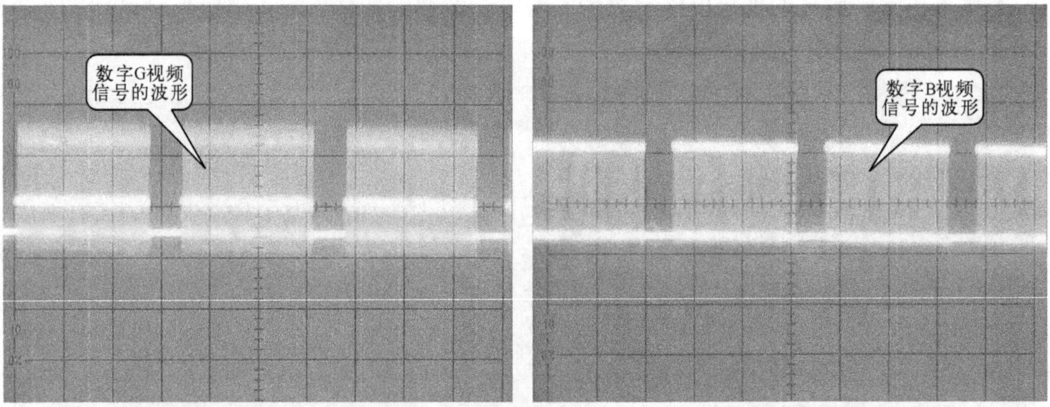

图 11-30　数字 G 视频信号和数字 B 视频信号波形

若输入的视频信号正常，而输出的视频信号不正常，则应继续检测 PW1235 的工作条件是否正常。首先检测 PW1235 的供电电压，其中⑤脚、㉞脚、93脚、123脚、140脚、175脚、205脚和235脚为 2.5V 数字核心电源供电端，用万用表检测时可以测得 +2.5V 的供电电压，如图 11-31 所示。

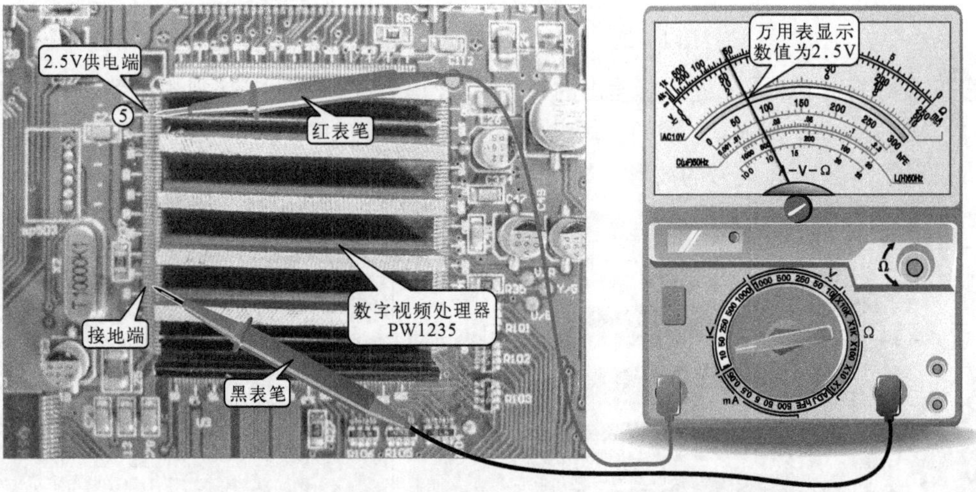

图 11-31　PW1235 供电电压的检测

此外，PW1235 的⑭脚、㉙脚、㊷脚、54脚、64脚、69脚、80脚、90脚、101脚、109脚、120脚、131脚、143脚、165脚、180脚、200脚、208脚、216脚、224脚、230脚、237脚、243脚、249脚和256脚为 3.3V 数字 I/O 口电源端，其检测方法和 2.5V 供电的检测方法相同，此处不再赘述。

若供电电压正常，则可检测 PW1235 各关键引脚的信号波形，首先检测晶振波形，PW1235 的㊵脚、㊶脚外接晶体 X2，用示波器的探头碰触该引脚时可测得晶振信号的波形，如图 11-32 所示。

此外，㊼脚的数据信号 SDA 和㊺脚的时钟信号 SCL 也是 PW1235 的标志性信号，在正常的工作状态下可测得数据信号和时钟信号的波形，其波形如图 11-33 所示，检测方法同前面。

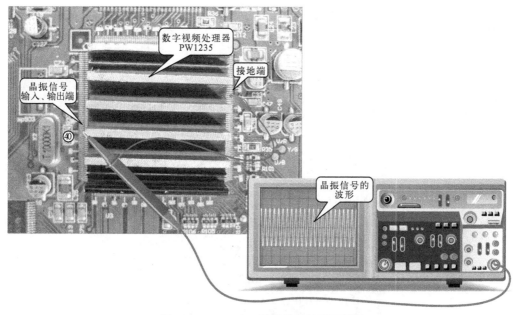

图 11-32 PW1235 晶振信号波形的测量

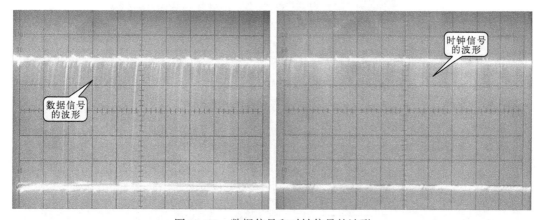

图 11-33 数据信号和时钟信号的波形

根据所测电压和波形进行判断，若供电和输入的视频信号正常，而输出的视频信号不正常，则可能 PW1235 已经损坏；若晶振信号不正常，则可能是由于 PW1235 本身或晶体 X2 损坏造成的。PW1235 其他关键引脚的波形如图 11-34 所示。

若 PW1235 输出的数字 R、G、B 信号正常，则应继续检测图像处理器 PW113 是否正常。

3. 图像处理器的检测

图像处理器 PW113 接收由 PW1235 送来的数字 R、G、B 视频信号，其中⑳脚～㉗脚为数字 R 信号输入端，⑩脚～⑮脚、⑱脚、⑲脚为数字 G 信号输入端，②脚～⑨脚为数字 B 信号输入端。其信号波形与 PW1235 输出的视频信号相同，此处不再赘述。

若输入信号正常，则应检测经 PW113 内部处理后输出的数字 R、G、B 像素数据是否正常，其中，㊖脚～⑩③脚为数字红基色像素数据输出端，用示波器检测时可测得该波形，如图 11-35 所示。

此外，PW113 的㊚脚～㊘脚为数字绿基色像素数据输出端，㊅脚～㊝脚为数字蓝基色像素数据输出端，其检测方法同上，波形如图 11-36 所示。

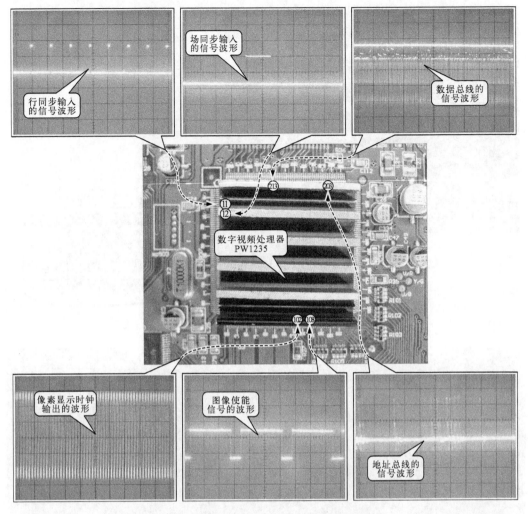

图 11-34 PW1235 其他关键引脚的波形

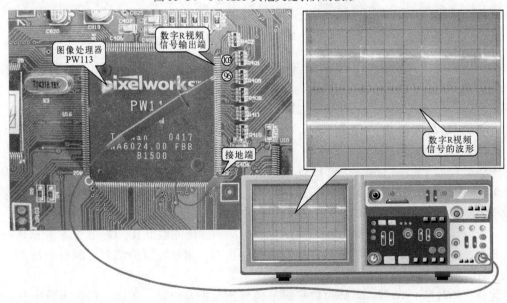

图 11-35 PW113 输出数字红基色像素数据的检测

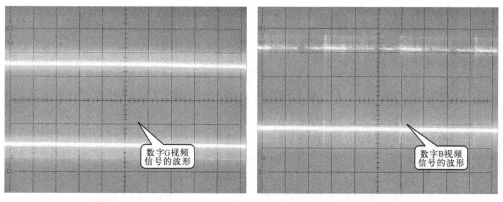

图 11-36 数字绿基色像素数据和数字蓝基色像素数据的波形

若输出的信号波形不正常，则应继续检测供电电压或晶振信号等，用来判断是否由于PW113 本身或外围元器件损坏造成的故障。首先检测供电电压，正常的情况下，PW113 由两组供电电源供电，分别是⑯脚、㊲脚、㉕脚、㉘脚、⑬⑦脚和⑱⑤脚的 1.8V 数字电源供电，以及㉙脚、㊿脚、㉒脚、㉚脚、⑩④脚、⑫③脚、⑭⓪脚、⑰①脚和⑳⑧脚的 3.3V 数字 I/O 口电源供电端，其检测方法如图 11-37 所示，以⑯脚的 1.8V 供电电压为例。

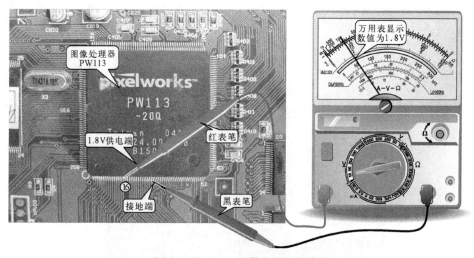

图 11-37 PW113 供电电压的检测

此外，晶振信号也是 PW113 的工作条件之一，PW113 的⑯⑨脚和⑰⓪脚外接晶体 X3，用示波器接触这两个引脚时可测得晶振信号的波形如图 11-38 所示。

若晶振信号不正常，则可能是由于 PW113 本身或外接晶体损坏造成的。可以用替换法来判断晶体的好坏，具体方法是先将怀疑损坏的晶体 X3 拆下，然后用同型号晶体进行替换，若更换后电路还是无法正常工作，在供电电压和输入信号都正常的情况下，若无法输出信号，则估计 PW113 本身已经损坏。

此外，PW113 还输出时钟信号、数据信号、地址总线或数据总线等信号，用来控制等离子电视机各部分的工作状态，以及与程序存储器交换信息，其他引脚的信号波形如图 11-39所示。

4. 等离子屏驱动信号输出电路的检测

PW113 输出的数字 R、G、B 像素数据信号首先送往等离子屏驱动信号输出电路

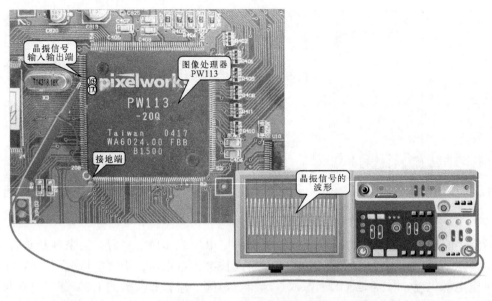

图 11-38　PW113 晶振信号的检测

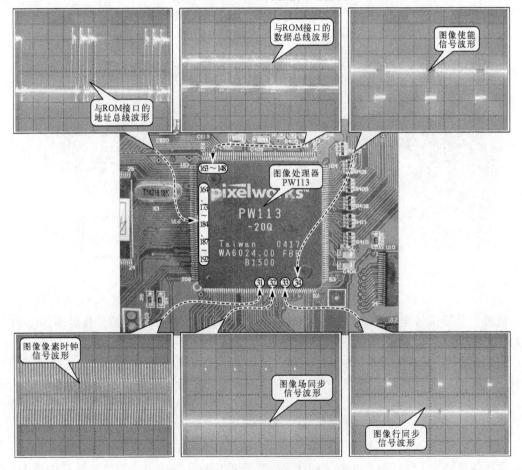

图 11-39　PW113 其他引脚的信号波形

DS90C383 中，然后输出 4 路 LVDS 数据信号和一路 LVDS 时钟信号，5 路信号送至等离子屏控制图像显示。若该电路损坏，则等离子屏无法正常显示图像。

DS90C383 的②脚、③脚、50脚、51脚、52脚、54脚、55脚、56脚为数字红基色数据输入端，④脚、⑥脚、⑦脚、⑪脚、⑫脚、⑭脚、⑧脚、⑩脚为数字绿基色数据输入端，⑮脚、⑲脚、⑳脚、㉒脚、㉓脚、㉔脚、⑱脚、⑯脚位数字蓝基色数据输入端。这些脚接收由 PW113 送来的数字 R、G、B 信号，其检测方法和波形同 PW113 输出的波形基本相同。

检测 DS90C383 输出的四路 LVDS 数据信号，用示波器的探头接触㊲脚、㊳脚、㊶脚、㊷脚、㊺脚、㊻脚、㊼脚和㊽脚时，可以测得 LVDS 数据信号的波形。此外，DS90C383 的㊴脚、㊵脚输出 LVDS 时钟信号，其检测方法和波形如图 11-40 所示。

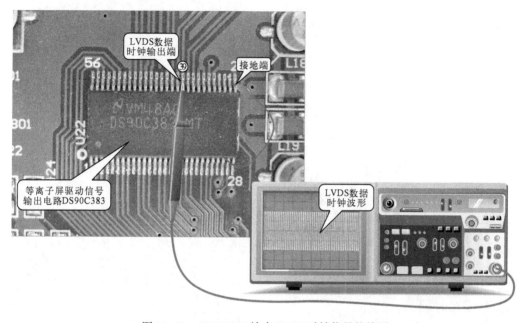

图 11-40 DS90C383 输出 LVDS 时钟信号的检测

DS90C383 若能正常工作，则①脚、⑨脚、㉖脚、㉞脚和㊵脚还必须有 +3.3V 的供电电压输入，其检测方法如图 11-41 所示。

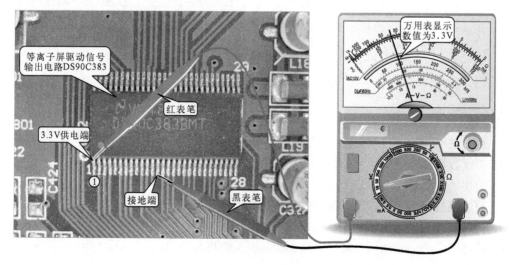

图 11-41 DS90C383 供电电压的检测

若输入信号和供电电压都正常，输出的 LVDS 数据信号不正常，则证明 DS90C383 可能已经损坏。DS90C383 其他关键引脚的波形如图 11-42 所示。

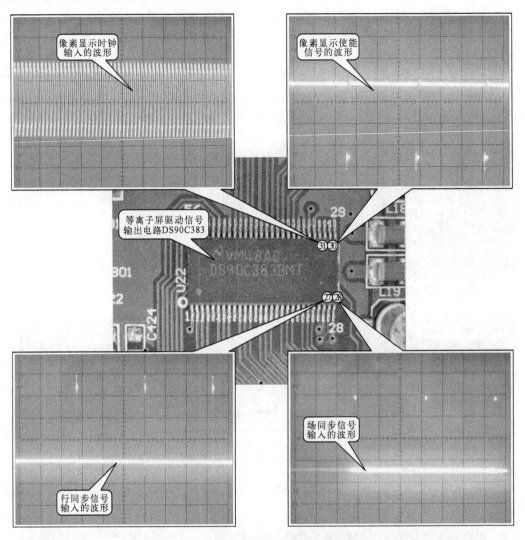

图 11-42　DS90C383 其他关键引脚的波形

简答题

1. 以长虹 PT4206 为例简述一下等离子电视机视频信号的处理过程。

2. 简述数字视频处理器 PW1235 的基本功能。

3. 简述图像处理器 PW113 的基本功能。

4. 简述模数（A/D）转换器 MST9885B 的基本功能。

5. 简述 DVI 解码芯片 SiL161B 的基本功能。

6. 简述等离子屏驱动信号输出电路 DS90C383 的基本功能。

第12章 等离子电视机电源电路的结构和检修方法

12.1 电源电路的基本结构和故障检修

等离子电视机的电源电路将交流 220V 电压经滤波、整流、变换和处理变成多种直流电压,为整机的各种电路供电,例如,接口电路、音频信号处理电路、视频信号处理电路、数字信号处理电路以及等离子屏等电路都需要供电,它是等离子电视机中最重要的电路。

12.1.1 电源电路的基本结构和工作原理

等离子电视机的电源电路可以输出电视机所需的各种电压,其电路结构也比较复杂,如图 12-1 所示为长虹 PT4206 型等离子电视机的电源电路,它采用的电源类型为三星 V3 屏等离子电源 (YD05),其型号为 LJ44 - 00068A。

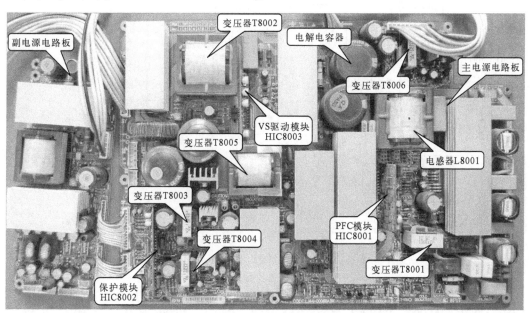

图 12-1 长虹 PT4206 型等离子电视机的电源电路

由图 12-1 可知,该机的电源电路主要是由交流输入电路及待机 5V (VSB) 电压形成电路、PFC 直流高压产生电路、逻辑板 5V 和 3.3V 电压的产生电路、整机其他电压的产生电路、整机稳压电路、保护电路等电路构成的。其中,每一路都由相应的分立元件相配合,用集成电路等器件进行控制,从而形成等离子电视机所需的各种电源。

1. 交流输入及5V（VSB）电压形成电路

如图12-2所示为长虹PT4206型等离子电视机电源电路中的交流输入及待机5V（VSB）电压形成电路。

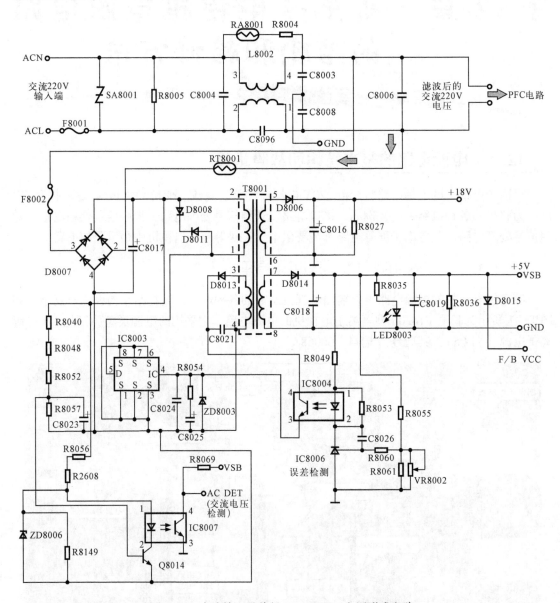

图12-2　交流输入及待机5V（VSB）电压形成电路

交流220V交流电压由插座CN8001进入后，经保险管F8001进入SA8001、R8005、C8004、C8096、L8002、RA8001、R8004、C8003、C8008、C8006组成的交流输入电路，它具有过压保护和抗干扰功能，将交流220V电压进行滤波处理。

滤除干扰后的交流电压分成两路：其中一路送给PFC电压产生电路，另一路经保险管F8002、桥式整流电路D8007、滤波电容器C8017整流滤波后形成不稳定的300V直流电压。该电压经过开关变压器T8001的初级绕组加到IC8003（TOP223PN）的⑤脚，IC8003与开关变压器初级绕组的①脚、②脚构成开关振荡电路，开关变压器正反馈绕组③脚~④脚的输出经 D8013 整流变成直流电压再经光耦 IC8004 的④脚、③脚反馈到开关振荡集成电路 IC8003 的④脚，使其进入振荡状态。从 T8001 的次级绕组整流滤波（D8014，C8018）后形成 +5V（VSB）电压，给主板 CPU 供电。此外 VSB 电压经 D8015 整流后，产生 F/B-VCC 电压给后级电路的稳压部分供电。同时，+5V 电压经过电阻器 R8035 后为发光二极管 LED8003 提供工作电压，使其发光（绿色）。T8001 的⑤、⑥绕组感应出的信号经 D8006、C8016 整流滤波后形成 18V 的直流电压。

2. PFC 直流高压产生电路

如图 12-3 所示为 PFC（功率因数控制）直流高压产生电路，它主要是由继电器控制电路、整流滤波电路、开关电路、升压电路、开关振荡集成电路 HIC8001 等部分构成的。当发出二次开机指令后，晶体管 Q8009 基极端的 RELAY 信号由高电平变为低电平，使 Q8009 和 Q8013 导通，此时 Q8013 的集电极变为低电平，且分为两路。

其中一路被送到保护模块 IC8002 作为一个 PS-ON 的检测信号。另一路通过光电耦合器（IC8005）隔离后，经过 R8058 使 Q8012 的基极变为低电平，Q8012 饱和导通，18V 电压为 IC8009 的①脚供电。该电压经 IC8009（7815A）稳压后产生 15V 的 PFC-VCC 电压为 PFC 模块 HIC8001 的③脚、⑩脚供电。Q8012 输出的另一路送到 Q8010 的发射极，Q8010 在 PFC-OK 信号的控制下输出 DC-VCC 电压，再经 Q8011 输出 VCC-S 电压。同时，Q8013 集电极电压的降低，还使 Q8004、Q8006 饱和导通，继电器 RLY8001 吸合，LED8002 开始发光（绿色）。

交流 220V 电压通过继电器 RLY8001 经 L8003、C8007、RLY8001、R8009、R8010、C8001、C8009、L8004、C8002、C8010、C8005 等元器件组成的二次、三次进线抗干扰电路后送入桥式整流电路 D8003，得到 100 Hz 的脉动直流电，送入 PFC 电路。此时，D8003 输出的 +300V 电压通过 R8037、R8038、R8039 和 R8044、R8045 为 PFC 模块 HIC8001 提供启动信号。PFC 电路开始工作，输出 PFC-OK 信号和 RELAY-ON 信号。PFC-OK 信号使 Q8010 导通，产生受控的 DC-VCC 信号为副电源板和主电源板上的电路供电，再经过 Q8011 产生出 17V 的 VCC_S 电压。

RELAY-ON 信号经过光电耦合器 IC8002 隔离后，使 Q8005、Q8008 导通，继电器 RLY8002 吸合，R8009、R8010 被短路，减小了整机自身功耗，Q8010 在 PFC-OK 信号的控制下输出 DC-VCC 电压，再经 Q8011 输出 VCC-S 电压。同时 LED8001 被点亮。桥式整流堆 D8003 输出的约 300V 的直流电压经电感 L8001 滤波后，再经开关场效应晶体管 Q8001、Q8002 后变成开关脉动电压。由 D8002 整流输出与交流 220V 经全波整流二极管 D8046、D8001 输出的直流电压叠加，C8012 平滑滤波后输出约 400V 的直流电压（PFC 电路）。

3. 逻辑板 5V 和 3.3V 供电电压产生电路

PFC 端输出的电压分成三路，一路经送到副电源板，用于产生 32V 的调谐电压和 12V 的伴音功放电压。第二路 PFC 电压经 F8003 后加到 Q8016 的漏极。第三路 PFC 电压经 F8003，T8005 的初级绕组加到 IC8023 的①脚，如图 12-4 所示。此时，由 Q8011（图 12-3）产生的 VCC_S 电压也加到 IC8023 的③脚。IC8023 进入正常的开关振荡状态。变压器 T8005 的次级输出两路脉冲电压，一路经 D8040 整流，C8059 滤波后产生 X 驱动板所需的 70V 的地址扫描信号电路供电电压（VA）。

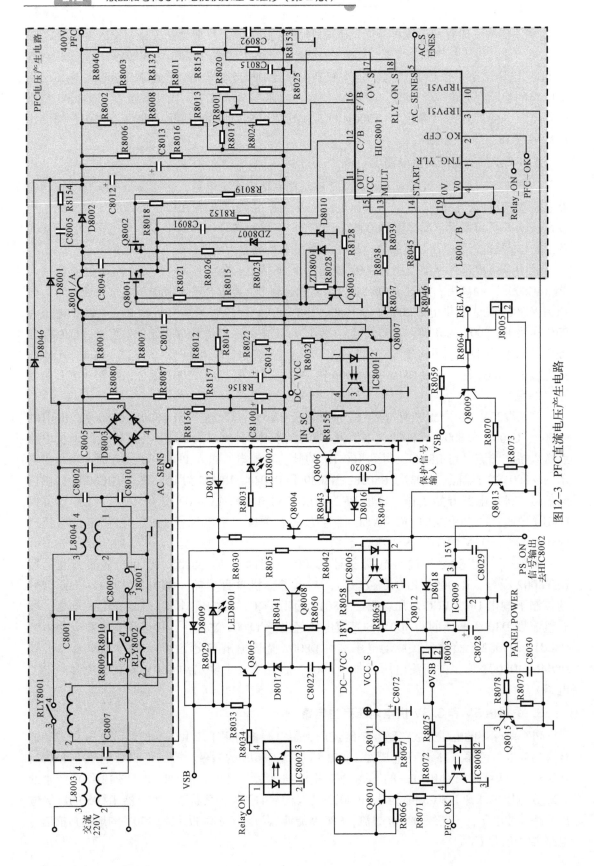

图12-3 PFC直流电压产生电路

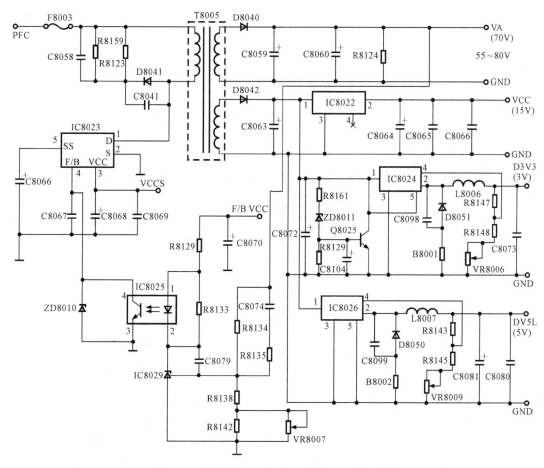

图12-4　逻辑板5V和3.3V供电电压产生电路

T8005次级绕组输出的另一路电压经D8042、C8063整流滤波后分成三路：一路经稳压膜块IC8022后产生15V的VCC电压；一路经IC8024进行DC/DC转换后产生3.3V的D3V3电压。还有一路经IC8026进行DC/DC转换后产生5V的D5VL电压。D3V3和D5VL主要用于给逻辑板及其他电路板的小信号供电，此时逻辑板上的发光二极管LED2000点亮。上述的DC/DC电路实际上就是开关电源电路，直流（DC）变成开关脉冲，然后再滤波成直流（DC），因此简称为DC/DC电路。

4. 整机及其他电压产生电路

除了逻辑板所需的5V及3.3V供电电压，该机的电源电路还为整机和其他单元电路进行供电。逻辑板得到3.3V和5V供电后，内部CPU进入工作状态，送出相应的信号给Y驱动板、维持电压产生电路板、X驱动板，同时为电源电路板的Q8023的基极输入一个高电平（3.3V）的VS-ON信号，使Q8023饱和导通。通过光电耦合器IC8017控制VS驱动模块HIC8003的④脚变为低电平，使HIC8003进入工作状态。从⑮脚输出正向的驱动脉冲信号经Q8019、Q8020放大后去驱动Q8016将PFC供电变成脉冲信号。从⑨脚输出负向的脉冲驱动信号经Q8021、Q8022放大后去驱动Q8018进入工作状态。此时，由Q8016、Q8018、C8031、T8002组成的谐振开关电路正常工作起来。次级绕组经D8021、D8022、D8029、D8030桥式整流和IC8004、L8005、C8032、C8033滤波处理后产生160～185V的维持信号电路供电电压（VS）给等离子屏的 Y 驱动板供电，如图 12-5 所示。

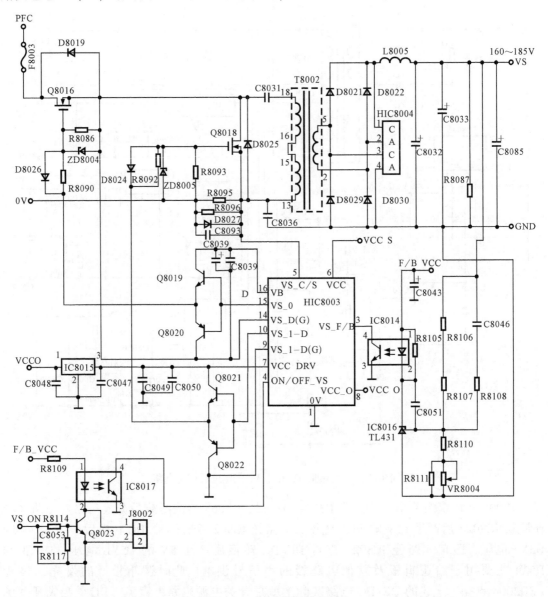

图 12-5　VS 电压输出电路

除了为 Y 驱动板供电，VS 电压还分为三路，其中一路经 F8004 送到 T8003 的⑤脚，经 T8003 的初级绕组后从③脚输出到 IC8012 的 D 端，同时经 R8094、C8041、C8042 滤波后加到 IC8012 的③脚，使 IC8012 和 T8003 组成的开关电源电路开始正常工作。次级输出的电压经 D8023 整流，C8034 滤波得到 135～165V 的 VSET 电压。另一路经 D8032 整流，C8037 滤波和 D8033 隔离后形成 F/B-VCC 电压，如图 12-6 所示。

第二路的 VS 电压经 F8004 后进入 T8004 的初级绕组，进初级绕组加到 IC8019 的 D 端。启动电压经 R8116、C8057、C8054 滤波后加到 IC8019 的 VCC 端。开关变压器次级绕组输出的电压经 D8034 和 C8052 负向整流滤波后得到 -55～ -80V 的 VS CAN 电压。另一路经 D8039、C8055 整流滤波后为稳压电路部分供电，进行误差检测和稳压控制，如图 12-7 所示。

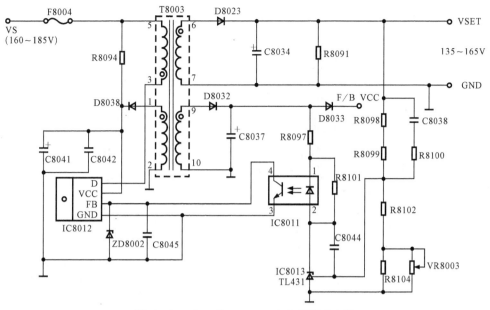

图 12-6 VSET 及 F/B - VCC 电压形成电路

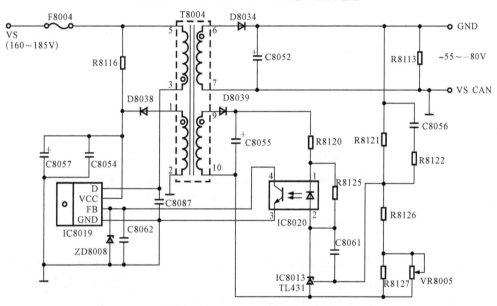

图 12-7 VS CAN 电压形成电路

最后一路 VS 电压经 F8005 后进入变压器 T8006 中，由初级绕组到 IC8027 的①脚，同时启动电压经 R8131、C8075、C8076 滤波后加到 IC8027 的③脚。IC8027 和 T8006 组成的开关电源电路开始进入正常的工作状态。T8006 次级绕组输出的直流电压经 D8044 整流、C8071 滤波后得到 125 ~ 155V 的 VE 电压，为维持电压产生电路供电。另一路经 D8049 整流、C8077 滤波后为稳压部分提供电压，进行稳压控制，如图 12-8 所示。

5. 整机稳压电路

长虹 PT4206 型等离子电视机电源电路的稳压电路比较简单，其中关键的器件为稳压器 TL431 以及控制的 IC，电压经电阻取样后送到 TL431 的控制脚，再经过光电耦合器把次级电路的变换信息送到开关稳压集成电路的负反馈（B/F）脚，从而控制电压的稳压输出。

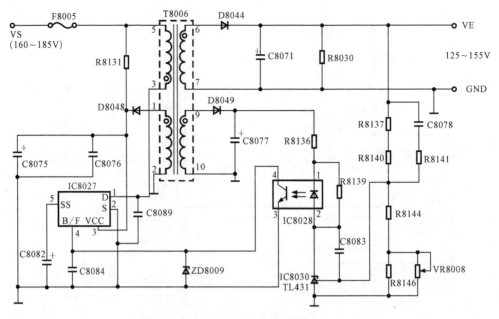

图 12-8　VE 电压形成电路

以图 12-2 所示的 VSB 电压形成电路为例，变压器次级输出的电压经过 D8014 整流，C8018 滤波后的 VSB 电压被分成了两组，分别加在稳压电路上。其中一路经过 R8049、光电耦合器 IC8004 后加到 IC8006（TL431）的③脚上。另一路通过 R8055、R8061 和 VR8002 分压后，经 R8060 加到 IC8006 的控制脚①脚上。当 VSB 下降时，TL431 的①脚电压下降，使③脚的输出电压升高，从而带动光电耦合器 IC8004 的③脚的电压下降，该信号被送到 IC8003 的④脚上，使 IC8003 内部输出脉冲的占空比上升，从而控制 VSB 电压上升。

若 VSB 端的电压升高，则电压输出情况与上述相反，即 TL431 的①脚电位上升，使③脚的输出电压降低，光电耦合器 IC8004 的③脚的电位上升，带动 IC8003 的④脚电压上升，使 IC8003 内部输出脉冲的占空比上升，从而控制 VSB 电压下降。如此反复，就实现了 VSB 电压的稳压控制，其他电路都采用 TL431 和光电耦合器，区别是受控的集成电路不同。

6. 保护电路

等离子电视机中为了保证电视机的安全工作，电源供电系统中一般都会设有过压和过流的保护环节，如图 12-9 所示为长虹 PT4026 型等离子电视机的保护电路，其中主要的元器件是保护模块 HIC8002，由电源电路输出的各组电压都会被送到 HIC8002 内进行检测。

由图 12-9 可知，在各组供电中，若有一路电压不正常，HIC8002 的①脚就会输出一个高电平，使外接的晶闸管 Q8017 导通，使红色的发光二极管 LED8004 被点亮，同时经光电耦合器 IC8017 后使前级电路中的 Q8006 基极电压下降为 0V，工作截止，从而使继电器 RLY8001 断开，PFC 的后续电路全部停止工作。同时 HIC8002 的㉗脚输出一个低电平的 PANEL-POWER 信号使 Q8015、IC8018、Q8011 截止工作，断开 VS 和 VA 部分的开关电源集成电路的供电，使其退出工作状态。

当某一路有过流现象时，会造成 Q8001 和 Q8002 稳度升高，TC8001 可以通过散热片检测到过热情况，其安装位置如图 12-10 所示。该信号通过光电耦合器 IC8018 使 Q8024 截止，其集电极呈现高电平，通过跳线 J8004 使 Q8017 导通，使 LED8004 发光。

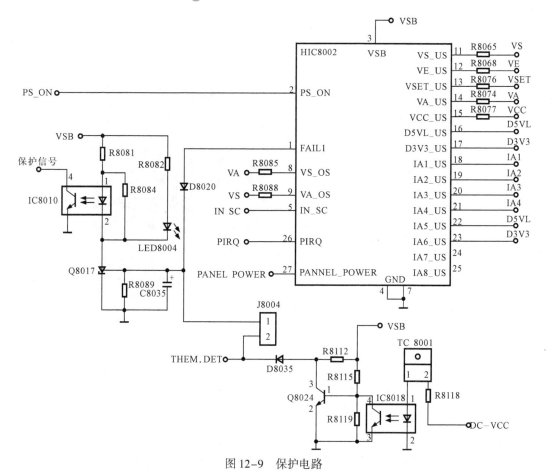

图 12-9　保护电路

图 12-10　TC8001 的安装位置

在同一散热片上的 TC8001 检测到这一异常的过热情况后，通过光电耦合器 IC8018 的控制使 Q8024 截止，Q8024 的集电极变为高电平，通过 D8035 的隔离使 Q8017 的②脚变成高电平，晶闸管 Q8017 导通。和前面一样，LED8004 点亮，整机进入保护状态。

12.1.2　电源电路的基本检修流程

电源电路作为等离子电视机中的重要的电路，由于电源电路的工作电压较大，其热量产生也较大，容易损坏元器件，使电源电路容易出现故障。对于长虹 PT4026 型等离子电视机采用的 V3 屏电源，判断故障时只需要观察电源板上的指示灯和逻辑板上的指示灯就可以大致判断出是哪路电压，其检修流程如图 12-11 所示。

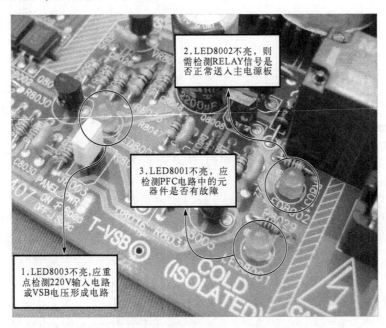

2.LED8002不亮，则需检测RELAY信号是否正常送入主电源板

3.LED8001不亮，应检测PFC电路中的元器件是否有故障

1.LED8003不亮，应重点检测220V输入电路或VSB电压形成电路

图 12-11   电源电路的基本检修流程

当插上电源后，发光二极管 LED8003 就会工作发光，若不亮，则说明交流 220V 供电或 VSB 电压形成电路有故障，如图 12-2 所示。LED8002、LED8001 以及 LED2000 指示灯不亮的检修流程基本相同，只是用到的元件不同。

当发出开机指令后，发光二极管 LED8002 就会开始工作发光，可直接检测 RELAY 信号是否正常送入主板，如图 12-3 所示。检测 R8064、Q8009、Q8013、R8042、Q8004、Q8006、Q8010、Q8011、RLY8001、IC8005、IC8008 等器件是否正常。

LED8001 开始工作发光，如果不亮，则检测交流 220V 是否正常送入 PFC 电路或 PFC 电路，以及工作中的元器件工作是否正常，如图 12-3 所示，其中关键的元器件有 C8006、C8007、L8003、RLY8001、R8009、R8010、C8001、C8009、L8004、C8002、C8010、C8005、D8003、R8037、R8038、R8039、R8044、R8045、HIC8001 等。

LED8001 能够点亮说明前级电路基本可以正常工作，逻辑板上面的发光二极管 LED2000 被点亮，如果不亮，则说明 DV5L 和 D3V3 电路有故障，如图 12-4 所示。其关键检测器件有 IC8024、IC8026 等。若 LED2000 点亮，则说明电源板上的各组输出电压基本正常。

此外，三星 V3 屏电源为了拆板维修与检修的便利性，提供了多组可短接的跳线来模拟或断开某部分电路，这些部分都用跳线来控制。例如，当短接 J8005 时，就可以模拟主板发出开机信号；当断开 J8004 时，就可以解除由 TV8001 检测到的保护信息；当断开 J8003 时，PANEL - POWER 保护启动，整机进入保护状态。当短接 J8002 时，就可以模拟出逻辑板工作正常后返回的 VS - ON 信号。当断开 J8001 后，就断开了 PFC 及后续电路的供电，可方便判断是 VSB 部分还是 PFC 部分电路短路。如图 12-12 所示为各种跳线的外形。

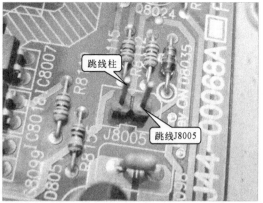

图 12-12 各种跳线的外形

12.2 电源电路的故障检修方法

电源电路若损坏，就应根据其故障表现和指示灯的状态来判断故障部位，从而对等离子电视机的电源电路进行故障检修。在进行实际检修之前，首先应了解等离子电视机电源电路的故障表现。

12.2.1 电源电路的故障表现

电源电路作为等离子电视机中的重要电路，若发生故障，其故障表现也较多，如整机不动作、开机黑屏、花屏等。

1. 整机不动作

若等离子电视机的电源输入或整流滤波电路出现故障，势必会造成电视机整机不动作的故障，主要表现为电源指示灯不亮，或电源指示灯亮，但开机后电源指示灯不变色、屏幕无任何反应等。造成这种故障的原因往往是由于交流输入电路输入的交流 220V 电压无法正常地送入整流滤波电路，或整流滤波电路出现故障造成的。

2. 开机黑屏

开机黑屏是指等离子电视机打开电源开关后，电源指示灯亮且变色，但屏幕无任何反应，黑屏，这种情况可能是由于等离子屏供电系统或主电路板供电系统出现故障造成的，此时应重点检测与等离子屏和主电路板供电电路上的元器件。

3. 花屏

造成等离子电视机花屏的主要原因可能是次级输出滤波电容漏电，造成主信号处理电路和控制电路等供电不足，从而使信号处理电路不能完全正常地工作，输出的信号不正常，造成等离子电视机无法正常还原图像，使图像花屏。

12.2.2 电源电路主要元器件的检修方法

长虹 PT4206 型等离子电视机的电源电路作为易损电路部位，若出现故障，可根据故障检修流程对电源电路上的元器件进行检测，首先观察电源电路板上的各个指示灯，然后根据指示灯的指示情况来对相应的电路进行检测，主要可以分为以下几种情况。

1. 指示灯 LED8003 不亮的故障检修方法

一般情况下，当插上等离子电视机的电源后，指示灯 LED8003 就会发光，从而形成 5V

的 VSB 电压，若 LED8003 不亮，则说明故障部位可能在交流 220V 输入或 VSB 电压形成电路，首先检测由变压器 T8001 次级后经 D8014 整流、C8018 滤波后输出的 +5V 电压是否正常，检测时可将万用表调至直流 10V 挡，用黑表笔接地，用红表笔接 C8018 的正极引脚（也可用红表笔接 D8014 的负极引脚），正常时，可以测得 +5V 的供电电压，如图 12-13 所示。

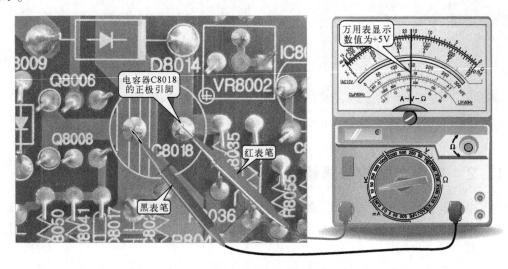

图 12-13　VSB 电压的检测

若所测得的电压值不正常，则可能是整流二极管 D8014 或滤波电容器 C8018 损坏，或前级电路有故障，可分别对其进行检测。

（1）整流二极管 D8014 的检测

整流二极管可将交流电压整流成为不稳定的直流电压，如图 12-14 所示为整流二极管 D8014 的外形和引脚焊点图。整流二极管的极性一般在元器件表面会有标识，其中标有横道的一端为二极管的负极。

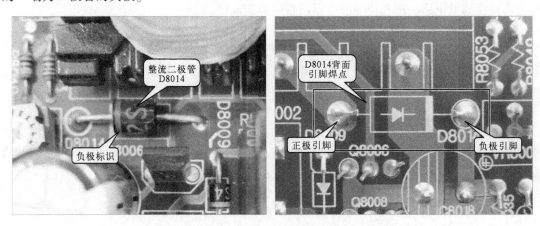

图 12-14　整流二极管 D8014 的外形和引脚焊点图

检测整流二极管时，可用万用表的电阻挡，用黑表笔接 D8014 的正极引脚，用红表笔接 D8014 的负极引脚，可以测得一个正向阻值，如图 12-15 所示。

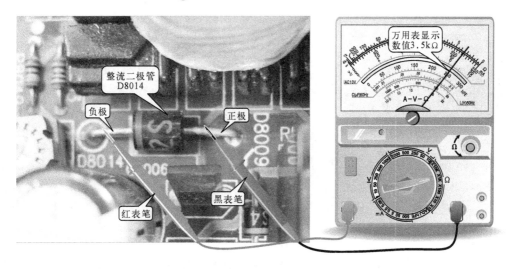

图 12-15 测量 D8014 的正向阻值

测量完毕后对换表笔，用红表笔接 D8014 的正极引脚，用黑表笔接 D8014 的负极引脚，可以测得 D8014 的反向电阻值，此阻值应为无穷大，但由于在路检测时受外围元器件的影响，这里可以测得一定的阻值，如图 12-16 所示。

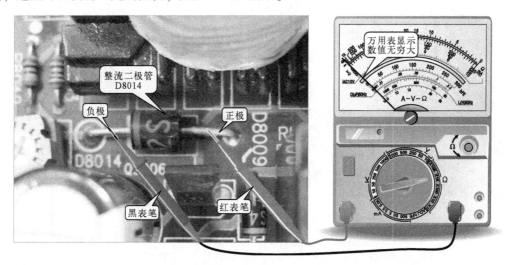

图 12-16 测量 D8014 的反向阻值

由于在路检测时容易受外围元器件的影响，在实际的检测中可将整流二极管焊下，进行开路检测，然后按前面的方法检测整流二极管的正、反向阻值，并对测得的阻值进行判断。若整流二极管的正向有一定的阻值，反向阻值为无穷大，则可断定该二极管良好。若测得的正向阻值趋于零或无穷大，或二极管的反向有一定的阻值，则估计该二极管已经损坏。

（2）滤波电容器 C8018 的检测

滤波电容器 C8018 主要用来将整流二极管送来的不稳定的 +5V 直流电压进行滤波，变为稳定的直流电压后输出，如图 12-17 所示为滤波电容器 C8018 的外形和引脚焊点图，该电容器采用铝电解电容器，引脚有正、负极之分。

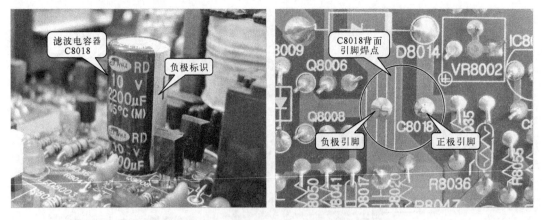

图 12-17　滤波电容器 C8018 的外形和引脚焊点图

电解电容器可以用万用表来判断其性能是否良好，具体方法是，将万用表调至电阻挡，用两只表笔分别接触电容器 C8018 的两只引脚，正常情况下，万用表的指针会有一个明显的摆动过程，如图 12-18 所示。

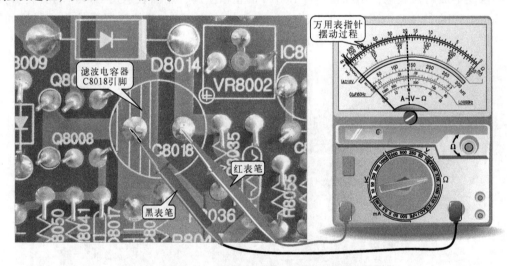

图 12-18　滤波电容器 C8018 的检测

若表笔接触 C8018 的引脚后，万用表的表针无变化，或阻值趋于零，则可估计该电容器已经损坏。

若整流二极管 D8014 或滤波电容器 C8018 均良好，则估计故障在前级电路，应继续检测变压器 T8001、光电耦合器 IC8004、开关集成电路 IC8003、桥式整流电路 F8007 及保险管 F8002 是否损坏。

（3）变压器 T8001 的检测

如图 12-19 所示为变压器 T8001 的外形和引脚焊点图，该变压器可将前级电路送来的 300V 直流电压进行变换然后由次级输出 18V 和 5V 的电压。

对于变压器 T8001 的检测，可在开路的情况下用万用表的电阻挡检测其引脚间的电阻值，正常情况下，该变压器的①脚和②脚、③脚和④脚、⑤脚和⑥脚、⑦脚和⑧脚之间可以测得一定的电阻值（趋于零），其检测方法如图 12-20 所示。

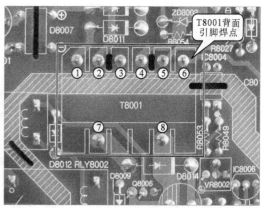

图 12-19 变压器 T8001 的外形和引脚焊点图

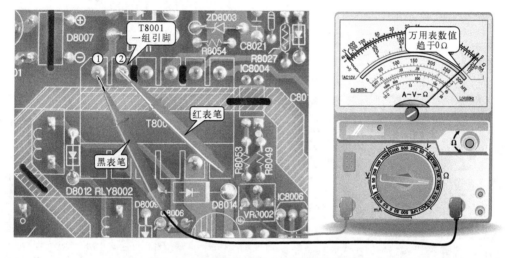

图 12-20 变压器 T8001 引脚间阻值的检测

而其他引脚间（互相独立的绕组间）的电阻值应趋于无穷大，对测得的结果进行判断。若变压器 T8001 相连的引脚间阻值趋于无穷大，则证明变压器内部绕组已经断开。此外，若变压器或前级电路工作正常，用示波器的探头靠近变压器的铁芯时，可以感应到相应的波形，如图 12-21 所示。若感应不到波形，则变压器也可能损坏。

（4）光电耦合器 IC8004 的检测

如图 12-22 所示为光电耦合器 IC8004 的外形图，光电耦合器其实就是由一个光敏晶体管和一个发光二极管构成的。输出电压不稳定会使光耦中的发光二极管发光强度发生变化，光电耦合器可改变光敏晶体管的阻抗，从而使流过该光敏管的电流发生变化，该变化反馈到开关振荡集成电路的负反馈端（FB），从而起到稳压作用。

首先检测光电耦合器 IC8004 的①脚和②脚间的正、反向阻值，将万用表调至电阻挡，用黑表笔接正极①脚，红表笔接负极②脚，测量内部发光二极管的正向阻值，正常的情况下可以测得一定的电阻值，如图 12-23 所示。

测量完毕后对换表笔，将红表笔接正极①脚，将黑表笔接负极②脚，测量其反向阻值，正常的情况下应为无穷大，如图 12-24 所示。由于在路检测会受周围元器件的影响，检测时最好将光电耦合器从电路板上焊下。

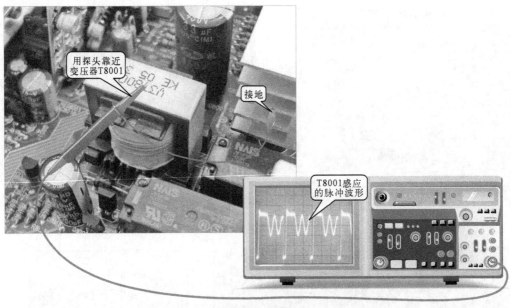

图 12-21　用示波器感应变压器 T8001 的波形

图 12-22　光电耦合器 IC8004 的外形图

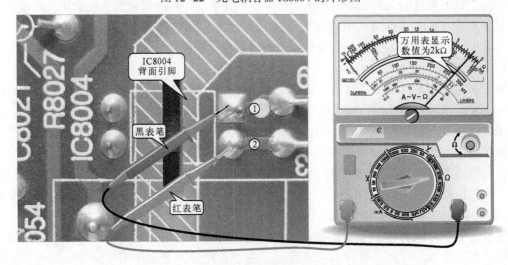

图 12-23　测量光电耦合器 IC8004 的①脚和②脚间的正向阻值

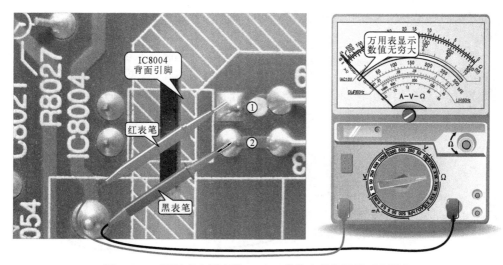

图 12-24　测量光电耦合器 IC8004 ①脚和②脚间的反向阻值

然后测量 IC8004 的③脚和④脚间的正、反向阻值，其检测方法同上。此时，测量的阻值大约为 900Ω，若上面测得的值均正常，则说明光电耦合器 IC8004 基本正常。若所测得的值不正常，则说明光电耦合器已经损坏。

（5）开关集成电路 IC8003 的检测

如图 12-25 所示为开关集成电路 IC8003 的外形和背面引脚图，该集成电路可以检测到由⑤脚输入的反馈电压，从而改变内部占空比，来控制输出电压的稳定性。

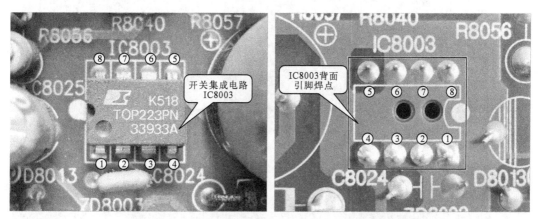

图 12-25　开关集成电路 IC8003 的外形和背面引脚图

正常的情况下，开关集成电路 IC8003 的④脚可以测得一个反馈电压值，如图 12-26 所示，该电路的实测值为 +5.7V。

此外，由变压器初级绕组输出 +300V 直流电压进入开关集成电路 IC8003 的⑤脚，其检测方法如图 12-27 所示，实测为 308V。

IC8003 其他引脚的电压值均为 0V，对测量的结果进行判断，若测得的各引脚的电压值均正常，开关集成电路还是无法正常工作，则可能 IC8003 已经损坏。若测得的电压值不正常，则应顺流程继续检测。

（6）桥式整流电路 D8007 的检测

桥式整流电路 D8007 可以将前级电路输入的 220V 交流电压进行全波整流，然后输出 +300V 左右的直流电压，如图 12-28 所示为桥式整流电路 D8007 的外形和背面引脚图。

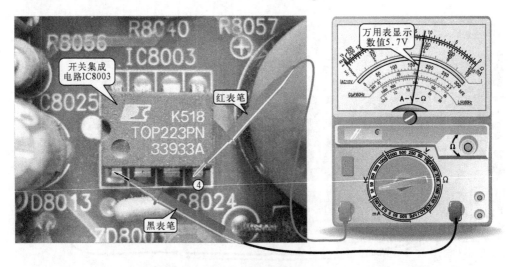

图 12-26　开关集成电路 IC8003 的④脚电压的检测

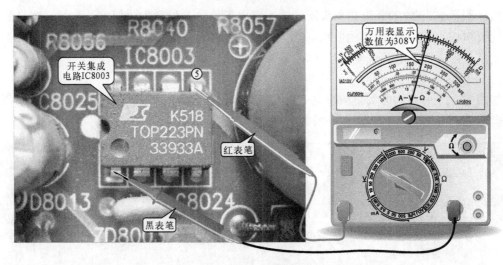

图 12-27　开关集成电路 IC8003 的⑤脚电压的检测

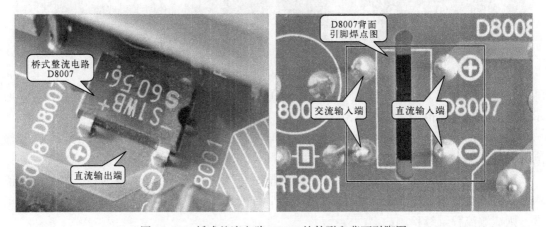

图 12-28　桥式整流电路 D8007 的外形和背面引脚图

　　在电源电路正常工作的状态下，用万用表的电压挡在桥式整流电路 D8007 的输出端可以测得 300V 左右的直流电压，其检测方法如图 12-29 所示。

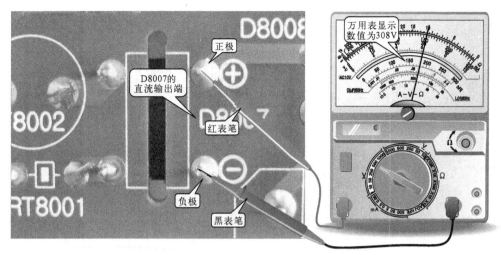

图 12-29 桥式整流电路 D8007 输出电压的检测

若所测电压不正常，可在开路状态下检测 D8007 引脚间的阻值来判断它是否好坏，正常情况下，桥式整流电路 D8007 交流输入端的正/反向电阻值应为无穷大，其检测方法如图 12-30 所示。若出现趋于零或有一定阻值的情况，则可断定该器件已经损坏。

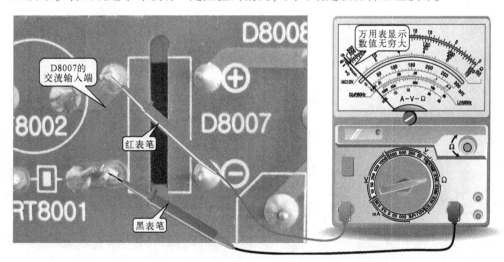

图 12-30 桥式整流电路 D8007 交流输入端电阻的测量

一般情况下，桥式整流电路 D8007 的直流输出端由正/负极性标识，可用万用表的电阻挡来测量直流输出端的正、反向阻值，用红表笔接 D8007 的正极，用黑表笔接负极时，可以测得一个固定的电阻值（约为 5kΩ），如图 12-31 所示。

对换表笔后，将黑表笔接正极，将红表笔接负极时，测得的反向阻值应为无穷大。若所测结果与标准值有一定的差异，则可能桥式整流电路已经损坏。

2. 指示灯 LED8002 不亮的故障检修方法

当发出二次开机指令后，指示灯 LED8002 就会点亮，若 LED8003 亮而 LED8002 不亮，则可能是继电器（RELAY）信号输入电路有故障，应重点检测器件有 NPN 型晶体管 Q8013、Q8006、Q8015，PNP 型晶体管 Q8009、Q8004、Q8010、Q8011，继电器 RLY8001，光电耦合器 IC8005，IC8008 等，光电耦合器的检测在前面的章节中已经讲过，此处不再赘述。下面就介绍一下 NPN 型晶体管、PNP 型晶体管和继电器的检测方法。

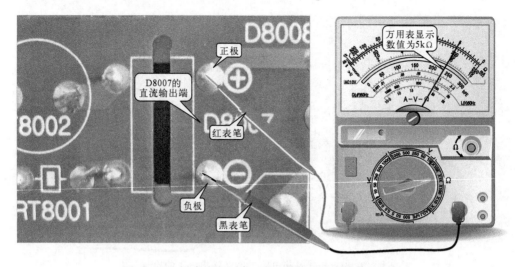

图 12-31　桥式整流电路 D8007 输出端正向阻值的测量

（1）NPN 型晶体管的检测

NPN 型晶体管是由两个 N 型的半导体中间夹杂一个 P 型的半导体制成的，由内部引出三个电极引脚，分别是基极（b）、集电极（c）和发射极（e），如图 12-32 所示为 NPN 型晶体管 Q8013 的外形和引脚排列图。

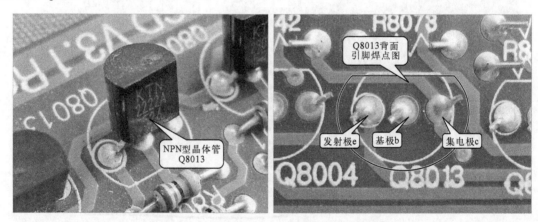

图 12-32　NPN 型晶体管 Q8013 的外形和引脚排列图

检测 NPN 型晶体管时，可在开路的状态下检测各引脚间的阻值来判断它的好坏，正常情况下，用万用表的黑表笔接晶体管的基极 b，红表笔搭在晶体管的集电极 c 引脚上，可以测得集电结的正向阻值，约为 5.5kΩ，如图 12-33 所示。

将表笔对换，用红表笔接晶体管的基极 b，黑表笔搭在晶体管的集电极 c 引脚上，可以测得集电结的反向阻值，应为无穷大。

然后测量晶体管发射结的正反向电阻，检测时将万用表的黑表笔接晶体管的基极 b，用红表笔接在晶体管的发射极 e 上，可以测得发射结的正向阻值，约为 5.5kΩ，其检测方法同上，此处不再赘述。对换表笔后测量发射结的反向阻值，应为无穷大。

此外，NPN 型晶体管集电极 c 和发射极 e 之间的正/反向阻值均为无穷大，根据检测结果进行判断，若集电结的正向阻值与发射结的正向阻值基本相同，且其反向阻值均为无穷大，则可判定该晶体管性能良好；若所测结果与上述情况不符合，则可基本断定 NPN 型晶体管已经损坏。

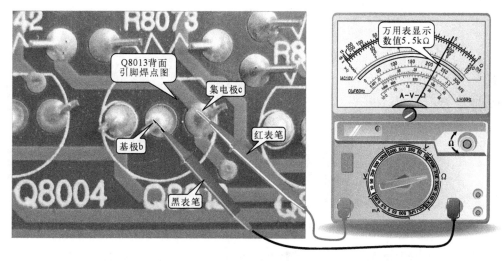

图 12-33 集电结正向阻值的测量

（2）PNP 型晶体管的检测

PNP 型晶体管是由两个 P 型半导体中间夹杂一个 N 型半导体制成的，同 NPN 型晶体管相同，其引脚也分为基极（b）、集电极（c）和发射极（e），如图 12-34 所示为 PNP 型晶体管 Q8009 的外形和引脚排列图。

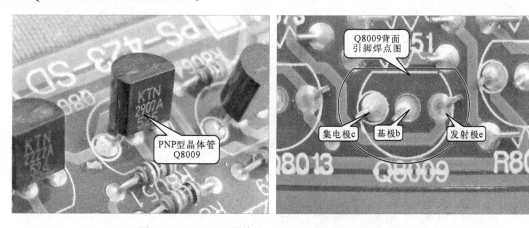

图 12-34 PNP 型晶体管 Q8009 的外形和引脚排列图

PNP 型晶体管的检测方法同 NPN 型晶体管的检测方法基本相同，只是在测量集电结正向阻值时，须将红表笔接基极 b，黑表笔接集电极 c。当测量发射结的正向阻值时，须将红表笔接基极 b，黑表笔接发射极 e。正向阻抗约为 3kΩ，反向阻抗均为无穷大，其判断方法同 NPN 的判断方法相同，此处不再赘述。

（3）继电器 RLY8001 的检测

继电器 RLY8001 的主要功能是利用线圈和节点配合，来控制交流 220V 电压的通断，如图 12-35 所示为继电器 RLY8001 的外形和背面引脚图。

继电器的好坏可以用万用表直接测量，一般情况下，继电器是由继电器线圈和节点构成的，未加电时，用万用表的表笔分别接触继电器线圈的两个引脚，可以测得一个固定的电阻值，如图 12-36 所示。若继电器线圈之间的阻值很大或趋于无穷大，则证明继电器线圈已经断开损坏。

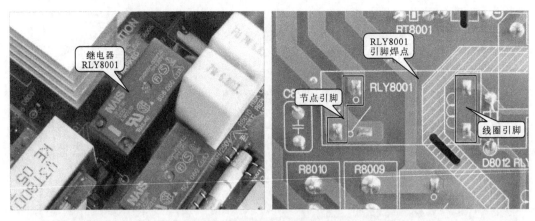

图 12-35　继电器 RLY8001 的外形和背面引脚图

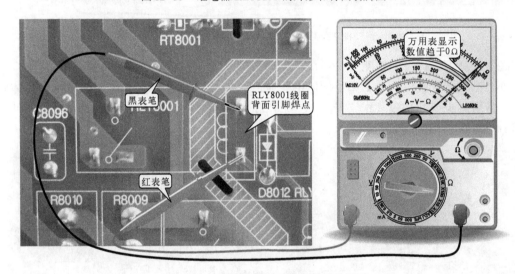

图 12-36　继电器线圈引脚间阻值的测量

关机时继电器两触点断开，两触点之间的阻值应为无穷大。而开机时继电器在工作的状态下，其阻值应趋于 0Ω，否则继电器损坏。

3. 指示灯 LED8001 不亮的故障检修方法

若 LED8003 和 LED8002 都亮，LED8001 不亮，则证明故障部位在 PFC 电路，其中应重点检测的元器件有 C8006、C8007、L8003、RLY8001、R8009、R8010、C8001、C8009、L8004、C8002、C8010、C8005、D8003、R8037、R8038、R8039、R8044、R8045、HIC8001等。其中电容器、电阻器、桥式整流电路、继电器的检测方法在前面的章节中已经讲过，此处不再赘述，下面就介绍一下互感滤波器 L8003、L8004 以及 PFC 模块 HIC8001 的检测方法。

（1）互感滤波器 L8003、L8004 的检测

互感滤波器 L8003 和 L8004 在交流输入电路部分作为滤波元件，其外形和功能基本相同，如图 12-37 所示为互感滤波器的外形和背面引脚图。

互感滤波器的检测方法比较简单，主要是在开路的状态下检测内部线圈之间的阻值，如图 12-38 所示。互感滤波器内部线圈的阻值应趋于 0Ω，若趋于无穷大，则证明互感滤波器已经断路损坏。

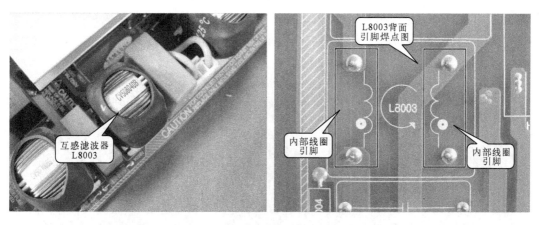

图 12-37　互感滤波器的外形和背面引脚图

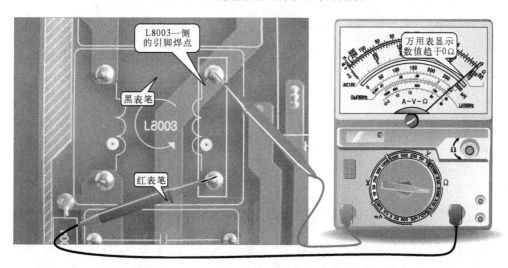

图 12-38　互感滤波器的检测

（2）PFC 模块 HIC8001 的检测

PFC 模块 HIC8001 的功能之一是输出 Relay－ON 信号（继电器启动信号），用来控制光电耦合器 IC8002 输出控制信号，以及用来控制继电器 RLY8002 的吸合，从而使 PFC 电路能够正常工作，如图 12-39 所示为 HIC8001 的外形和背面引脚图。

图 12-39　PFC 模块 HIC8001 的外形和背面引脚图

可以用在路的情况下测量 HIC8001 各引脚供电电压的方法来判断它的好坏，首先检测③脚和⑩脚的供电电压，当正常时，这两个引脚的电压应为 15V 左右，如图 12-40 所示。

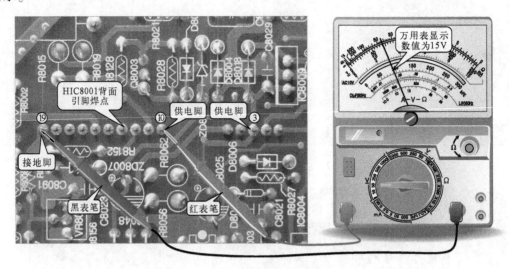

图 12-40　HIC8001 供电电压的检测

若供电电压正常，则应继续检测 HIC8001 的①脚和②脚输出的 Relay – ON 和 PFC – OK 电压是否正常，如图 12-41 所示。正常情况下①脚的电压应为 1V 左右，②脚的电压应为 0.1V 左右。

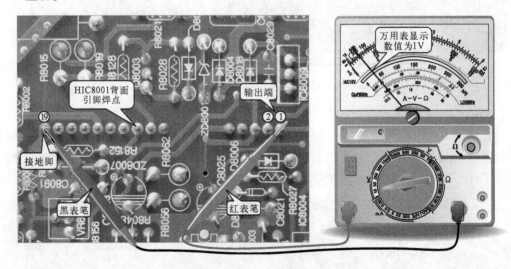

图 12-41　HIC8001 输出电压的检测

此外，HIC8001 的各引脚电压如下：⑤脚为 5.7V，⑪脚为 1.36V，⑫脚为 0V，⑬脚为 2.36V，⑭脚为 15.07V，⑯脚约为 2.5V，⑰脚约为 4.95V，⑱脚约为 6.55V，而④脚、⑮脚和⑲脚为接地端，实测为 0V。若输入的电压正常，而 HIC8001 无法输出 Relay – ON 和 PFC – OK 信号，则可能是该模块已经损坏。

4. 指示灯 LED2000 不亮的故障检修方法

若指示灯 LED8003、LED8002 和 LED8001 都正常发光，而 LED2000 不亮，则说明故障

部位在 D3V3 和 D5VL 电压产生电路，需重点检测的元器件有 IC8024、IC8026、变压器 T8005、熔断器 F8003 等，变压器和熔断器的检测方法同上。

IC8024 和 IC8026 都是稳压模块，其外形和背面引脚如图 12-42 所示，IC8024 输出 3.3V 的直流电压，IC8026 输出 5V 的直流电压。

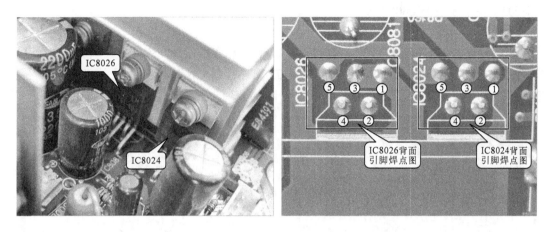

图 12-42　IC8024 和 IC8026 的外形和背面引脚图

可以在在路的状态下检测 IC8024 各引脚的电压，来判断其是否良好，首先检测输入端的电压，由变压器 T8005 次级输出的电压经整流和滤波后输出 17V 左右的直流电压，该电压被送到 IC8024 的①脚上，可用万用表测得，如图 12-43 所示，实测为 17.4V。

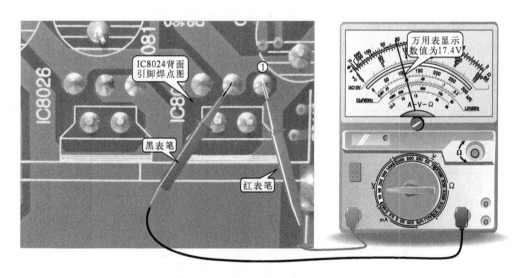

图 12-43　IC8024 输入端①脚电压的检测

若供电正常，可在输出端②脚上测得 3.3V 左右的输出电压，其检测方法同前面，实测为 3.46V。此为 IC8024 的④脚输出电压为 1.6V 左右。若输入电压正常，而输出的电压不正常，则可断定该器件已经损坏。

IC8026 的检测方法同 IC8024 的检测方法基本相同，只是输出端的电压不同，IC8026 的②脚输出电压应为 5V，实测为 5.24V；④脚的输出电压为 1.25V 左右，判断方法同前面。

5. 其他输出电压端的故障检修方法

除了前面的判断方法，还可以用检测各输出端电压的方法来判断到底是哪条电路出了故障，例如，VA 电压、VS 电压、VSET 电压、VS CAN 电压、VE 电压等。哪路电压不正常，顺电路图检测该支路上的元器件即可。本电源电路中，用到的关键器件还有 VS 驱动模块 HIC8003、保护模块 HIC8002 等。

（1）VS 驱动模块 HIC8003 的检测

VS 驱动模块 HIC8003 主要同光电耦合器 IC8014 和变压器 T8002 等器件组成开关振荡电路，使变压器的次级输出 VS 电压，若 HIC8003 损坏，则无法形成 VS 电压，等离子电视机也无法工作，如图 12-44 所示为 VS 驱动模块 HIC8003 的外形和背面引脚图。

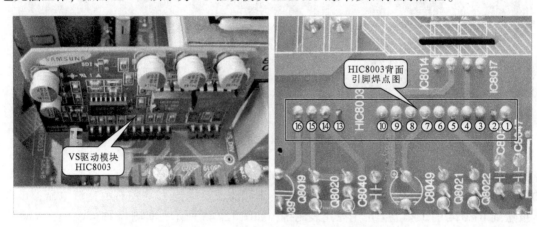

图 12-44　VS 驱动模块 HIC8003 的外形和背面引脚图

可以用 VS 驱动模块各脚工作电压的方法来判断它的好坏，正常情况下 VS 驱动模块 HIC8003 各脚电压值见表 12-1。

表 12-1　VS 驱动模块 HIC8003 各脚电压值

引 脚 号	供电电压（V）	引 脚 号	供电电压（V）
①	0	⑨	0
②	2	⑩	2
③	5.7	⑪	0
④	0.1	⑫	0
⑤	0	⑬	0
⑥	20.5	⑭	16.4
⑦	15	⑮	18.2
⑧	20.5	⑯	31

（2）保护模块 HIC8002 的检测

保护模块 HIC8002 的主要作用是检测电源电路输出的各组工作电压，然后由①脚输出控制信号，用来控制继电器 RLY8001 的吸合，从而实现电路的通断。如图 12-45 所示为保护模块 HIC8002 的外型和背面引脚图。

保护模块 HIC8002 的检测方法同 HIC8001 和 HIC8003 的检测方法基本形同，正常情况下，HIC8002 各脚的电压值见表 12-2。

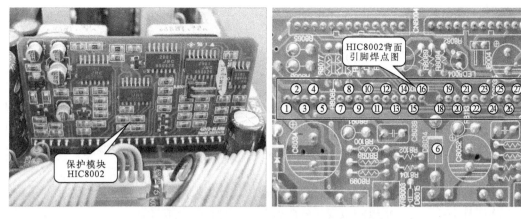

图 12-45 保护模块 HIC8002 的外形和背面引脚图

表 12-2 VS 驱动模块 HIC8002 各脚电压值

引 脚 号	供电电压（V）	引 脚 号	供电电压（V）	引 脚 号	供电电压（V）
①	0.2	⑪	3.3	⑳	0.2
②	0	⑫	3.4	㉑	0.2
③	5.9	⑬	3.6	㉒	5.24
④	0	⑭	3.8	㉓	3.5
⑤	4.7	⑮	3.5	㉔	0
⑥	无	⑯	5	㉕	0
⑦	0	⑰	3.5	㉖	0
⑧	2	⑱	0.2	㉗	5.86
⑨	2.1	⑲	0.2	㉘	无
⑩	无				

习 题 12

简答题

1. 如何判别等离子电视机电源板上的电解电容是否正常？

2. 如何判别整流二极管是否损坏？

3. 如何判别开关变压器是否工作正常？

反侵权盗版声明

电子工业出版社依法对本作品享有专有出版权。任何未经权利人书面许可，复制、销售或通过信息网络传播本作品的行为；歪曲、篡改、剽窃本作品的行为，均违反《中华人民共和国著作权法》，其行为人应承担相应的民事责任和行政责任，构成犯罪的，将被依法追究刑事责任。

为了维护市场秩序，保护权利人的合法权益，我社将依法查处和打击侵权盗版的单位和个人。欢迎社会各界人士积极举报侵权盗版行为，本社将奖励举报有功人员，并保证举报人的信息不被泄露。

举报电话：(010) 88254396；(010) 88258888

传　　真：(010) 88254397

E-mail：dbqq@ phei. com. cn

通信地址：北京市海淀区万寿路 173 信箱

　　　　　电子工业出版社总编办公室

邮　　编：100036